中国科协创新战略研究院智库成果系列丛书·汇编系列

科技工作者状况调查
工作机制与站点体系建设

——地方科协工作经验汇编

邓大胜　主编

中国科学技术出版社

·北　京·

图书在版编目（CIP）数据

科技工作者状况调查工作机制与站点体系建设：地方科协工作经验汇编 / 邓大胜主编 . —— 北京：中国科学技术出版社，2021.6

（中国科协创新战略研究院智库成果系列丛书 . 汇编系列）

ISBN 978-7-5046-9083-8

Ⅰ. ①科… Ⅱ. ①邓… Ⅲ. ①科技工作者—调查研究—中国 Ⅳ. ① G315

中国版本图书馆 CIP 数据核字（2021）第 119603 号

策划编辑	王晓义
责任编辑	浮双双
装帧设计	中文天地
责任校对	邓雪梅
责任印制	徐　飞

出　　版	中国科学技术出版社
发　　行	中国科学技术出版社有限公司发行部
地　　址	北京市海淀区中关村南大街 16 号
邮　　编	100081
发行电话	010-62173865
传　　真	010-62173081
网　　址	http://www.cspbooks.com.cn

开　　本	720mm×1000mm　1/16
字　　数	208 千字
印　　张	13.25
版　　次	2021 年 6 月第 1 版
印　　次	2021 年 6 月第 1 次印刷
印　　刷	北京虎彩文化传播有限公司
书　　号	ISBN 978-7-5046-9083-8 / G·897
定　　价	66.00 元

总　序

　　2013年4月，习近平总书记首次提出建设"中国特色新型智库"的指示。2015年1月，中共中央办公厅、国务院办公厅印发了《关于加强中国特色新型智库建设的意见》，成为中国智库的第一份发展纲领。党的十九大报告更加明确指出要"加强中国特色新型智库建设"，进一步为新时代我国决策咨询工作指明了方向和目标。当今世界正面临百年未有之大变局，我国正处于和将长期处于复杂、激烈和深度的国际竞争环境之中，这都对建设国家高端智库并提供高质量咨询报告，支撑党和国家科学决策提出了新的更高的要求，也已成为一项重大而紧迫的任务。

　　建设高水平科技创新智库，强化对全社会提供公共战略信息产品的能力，为党和国家科学决策提供支撑，是推进国家创新治理体系和治理能力现代化的迫切需要，也是科协组织服务国家发展的重要战略任务。中共中央办公厅、国务院办公厅印发的《关于加强中国特色新型智库建设的意见》，要求中国科协在国家科技战略、规划、布局、政策等方面发挥支撑作用，努力成为创新引领、国家倚重、社会信任、国际知名的高端科技智库，明确了科协组织在中国特色新型智库建设中的战略定位和发展目标，为中国科协建设高水平科技创新智库指明了发展目标和任务。

　　科协系统智库相较于其他智库具有自身的特点和优势。其一，科协智库能够充分依托系统的组织优势。科协组织涵盖了全国学会、地方科学技术协会、学会及基层组织，网络体系纵横交错、覆盖面广，是科协智库建设所特有的组织优势，有利于开展全国性的、跨领域的调查、咨询、评估工作。其二，科协智库拥有广泛的专业人才优势。中国科协业务上管理210多个全国学会，涉及理科、工科、农科、医科和交叉学科的专业性学会、协会和研究会，覆盖绝大部分自然科学、工程技术领域和部分综合交叉学科及相应领域的人才，在开展相关研究时可以快速精准地调动相关专业人才参与，有效支撑决策。其三，科协智库具有独立第三方的独特优势。作为中国科技工作者的群团组织，科协不是政府行政部门，也不受政府部门的行政制约，能够充分发挥自身联系广泛、地位超脱的特点，可以动员组织全国各行业各领域广大科技工作者，紧紧围绕党和政府中心工作，深入调查研究，不受干扰独立开展客观评估和建言献策。

中国科协创新战略研究院（以下简称"创新院"）是中国科协专门从事综合性政策分析、调查统计以及科技咨询的研究机构，是中国科协智库建设的核心载体，始终把重大战略问题、改革发展稳定中的热点问题、关系科技工作者切身利益等党和国家所关注重大问题作为选题的主要方向，重点聚焦科技人才、科技创新、科学文化等领域开展相关研究，切实推出了一系列特色鲜明、国内一流的智库成果，其中完成《国家科技中长期发展规划纲要》评估，开展"双创"和"全创改"政策研究，服务中国科协"科创中国"行动，有力支撑科技强国建设；实施老科学家学术成长资料采集工程，深刻剖析科学文化，研判我国学术环境发展状况，有效引导科技界形成良好生态；调查反映科技工作者状况诉求，摸清我国科技人才分布结构，探索科技人才成长规律，为促进人才发展政策的制定提供依据。

为了提升创新院智库研究的决策影响力、学术影响力、社会影响力，经学术委员会推荐，我们每年都遴选一部分优秀成果，出版成册，以期对党和国家决策及社会舆论、学术研究产生积极影响。

呈现在读者面前的这套《中国科协创新战略研究院智库成果系列丛书》，是创新院近年来充分发挥人才智力和科研网络优势所形成的有影响力的系列研究成果，也是中国科协高水平科技创新智库建设所推出的重要品牌之一，既包括对决策咨询的理论性构建、对典型案例的实证性分析，也包括对决策咨询的方法性探索；既包括对国际大势的研判、对国家政策布局的分析，也包括对科协系统自身的思考，涵盖创新创业、科技人才、科技社团、科学文化、调查统计等多个维度，充分体现了创新院在支撑党和政府科学决策过程中的努力和成绩。

衷心希望本系列丛书能够为科协组织更好地发挥党和政府与广大科技工作者的桥梁纽带作用，真正实现为科技工作者服务、为创新驱动发展服务、为提高全民科学素质服务、为党和政府科学决策服务，有所启示。

前　言

开展科技工作者状况调查是中央交给中国科协的一项重要任务。1950年8月，周恩来总理在中华全国自然科学工作者代表会议闭幕式上所做的《建设与团结》讲话中提议由中华全国自然科学专门学会联合会（中国科协的前身组织之一）进行中国自然科学工作者的全盘调查统计。改革开放以来特别是近年来，中央对科技工作者状况调查工作提出了更加明确具体的要求。2011年5月，习近平同志在中国科协第八次全国代表大会上的祝词中强调，"科协组织要继续致力于促进科技人才成长和提高，更好地为科技工作者服务。要在党委和政府同科技工作者之间建立畅通稳定的双向沟通渠道，在为科技工作者服务方面更加突出为科技人才成长服务这个重点。深入开展科技工作者状况调查，及时准确掌握科技工作者在就业方式、科研环境、生活状况、流动趋势、思想观念等方面出现的新情况新问题，满腔热情地反映和推动解决科技工作者关心的实际问题"。

为贯彻落实中央指示精神，中国科协于2003年第一次全面系统地在全国范围组织开展科技工作者状况调查，2005年建立了全国科技工作者状况调查站点，并从2006年建立起规范、科学的科技工作者状况调查制度。依托全国唯一一个以科技工作者为对象的调查系统，至今中国科协已经开展了4次"全国科技工作者状况调查"，科技界对党的十七大、十八大、十九大、2018年"科技三会"等重大事件的多次应急快速调查，以及科技工作者创新创业情况调查、科技工作者职称状况调查等重大专项调查。2013—2020年，科协依托调查站点组织科技工作者完成问卷调查累计超过50万人次，及时准确反映科技工作者队伍发展动态，为党和政府制定科技和人才有关政策提供了重要参考。

开展科技工作者状况调查工作也是各级科协组织履行"四服务"职责定位

的重要手段。中国科协是党领导下的人民团体，是中国科技工作者的群众组织，是党和政府联系科技工作者的桥梁和纽带。2021年，习近平总书记在两院院士大会中国科学技术协会第十次全国代表大会上强调"中国科协要肩负起党和政府联系科技工作者桥梁和纽带的职责，坚持为科技工作者服务、为创新驱动发展服务、为提高全民科学素质服务、为党和政府科学决策服务，更广泛地把广大科技工作者团结在党的周围，弘扬科学家精神，涵养优良学风"。开展科技工作者状况调查工作，就是要回答科技工作者是谁、有多少、在哪里、想什么、盼什么的问题。各级科协组织依靠联系广大科技工作者的特色和优势，形成了规模化、体系化、规范化、制度化的调查体系，同时也在中国科协和地方科协系统内部培养了一大批调查专业人才队伍，为科协接长手臂，不断提高服务科技工作者、服务创新驱动发展、服务全面素质提高和服务党和政府科学决策的水平。

在中国科协的带动下，地方各级科协组织结合当地实际不断完善调查工作机制和调查站点体系，形成了各具特色的工作经验。山东省科协构建"小中心、大外围"的柔性科协系统与智库专家协同的协作机制，通过"问题—课题—话题"调查研究机制，实现站点信息到决策咨询成果的转化，建立智库决策咨询专家库、需求库、成果库、数据库。山西省是较早开展科技工作者状况调查工作的省份之一，近年来依靠调查站点开展科协新型科技创新智库试点工作，多渠道扩大调查成果影响力，动员广大科技工作者为实现高水平科技自立自强积极建言献策。北京市科协是最早设立省级调查站点的省份之一，在建制度、建体系、建数据等方面做出了很多有益的探索，发挥了了解首都科技工作者状况、反映科技工作者诉求的显微镜和扬声筒作用。广西壮族自治区的站点体系初步形成了国家级、省级、市级站点"三级联动"的格局，区科协通过将站点建设与科技智库建设和决策咨询深度融合，通过年度重大课题研究、八桂科技英才建言、学术成果提炼转化等建言献策行动，向党委政府提供专业化咨询服务。江苏省苏州市科协连续多年获得国家级优秀调查站点称号，站点经费使用和站点信息高质量报送方面经验独到；在国家、省、市三级站点体系的运转中，苏州市科协还协助江苏省科协加强对苏州市内的国家级和省级调查站点的指导和监督工作，协助管理的国家级和省级调查站点连续5年考核均为合格及以上。对这些先进地区的工作进行总结，能够为各级科协建设调查体系和调查制度提供详尽的参考。

中共十九大以来，面对新时代、新挑战和新机遇，科技工作者状况调查制度和站点体系也需要在科协系统深化改革的背景下不断创新。2018年年底，中国科协发布的《面向建设世界科技强国的中国科协规划纲要》中提出，要"创建完善科技工作者状况调查机制，准确把握变化趋势、思想动向和关切需求""加强柔性科技智库网络建设……建立完善科技工作者状况调查体系"。为总结新时代科技工作者状况调查体系和调查站点建设的问题经验，中国科协创新战略研究院联合山东省、山西省、北京市、广西壮族自治区和江苏省苏州市对地方工作进行系统的梳理和总结，并整理编写了本书，以期展示调查站点和调查体系建设与管理的整体概貌、管理经验、存在问题及工作思考。

本书分为6章，第一章介绍了全国科技工作者状况调查站点的工作机制与站点体系，后续依次介绍了山东省、山西省、北京市、广西壮族自治区和江苏省苏州市的科技工作者状况调查工作机制。第二章和第三章重点围绕科技工作者状况调查制度建设问题介绍了山东省和山西省的经验，全面梳理省科协开展科技工作者状况调查工作的体制、机制和模式，归纳在项目设计、调查实施、成果提炼等方面的经验做法，总结调查成果发布、应用的模式和取得成效，分析工作中面临的挑战和问题，就进一步健全科技工作者状况调查制度，提升调查成果对决策咨询工作的支撑力度提出举措建议。第四、第五、第六章分别介绍了北京市、广西壮族自治区、江苏省苏州市的调查站点建设、运行和管理经验。从区域责任部门和调查站点两个维度，探索总结调查站点运行、经费管理、动态调整、激励作为等方面的典型经验和有效做法，分析站点管理运行过程中存在的问题和困难，并提出进一步推动调查站点建设、扩大联系服务科技工作者范围以及更好地支撑科协工作的具体建议。

中国科协创新战略研究院在编写本书的过程中，得到了山东省科协、山西省科协、北京市科协、广西壮族自治区科协、江苏省苏州市科协的大力支持。中国科协创新战略研究院对山东省创新战略研究院、北京市科学技术情报学会和苏州大学参与编写工作表示感谢。最后，书中存在的错漏之处恳请各位专家和读者提出宝贵意见。

目 录
CONTENTS

第一章

全国科技工作者状况调查
工作机制及站点体系

　　截至 2018 年，我国拥有的科技人力资源达 10154.5 万人，稳居世界第一，而且仍然保持较快增长趋势。随着经济社会发展和科技创新形势变化，我国科技工作者的创新创业活动、职业变动流动状况、意识观念思想更新变化等呈现日趋多样化、复杂化特征。中国科协发挥联系科技工作者的优势，深入开展科技工作者状况调查，及时准确掌握他们在区域分布、就业方式、生活状况、思想观念、流动趋势等方面的变化情况，及时就改革发展问需、问策、问效于科技工作者，为党委政府科学判断形势、准确做出决策提供了重要参考。

一、科技工作者状况调查制度的沿革

　　1950 年 8 月，周恩来总理在中华全国自然科学工作者代表会议闭幕式上所做的《建设与团结》讲话中就明确指出，"现在对科学家人数的统计很不完备。……我正式提议中华全国自然科学专门学会联合会（中国科协的前身）首先进行这个工作，政府愿给以一切物质上的帮助。中国自然科学工作者到底有多少？他们的水准、专长、职业、资历怎样？要做一个全盘的调查。这样，我们就可能更好地把他们安排在适当的岗位上，为国家为人民服务。现在我们对这方面的情况不清楚，可能埋没了许多人才。调查统计对政府从事建设工作是有很大帮助的"。

改革开放以来，特别是近年来，中央对科技工作者状况调查工作提出了更加明确具体的要求。2011 年 5 月，习近平同志在中国科协第八次全国代表大会上的祝词中强调，"科协组织要继续致力于促进科技人才成长和提高，更好地为科技工作者服务。要在党委和政府同科技工作者之间建立畅通稳定的双向沟通渠道，在为科技工作者服务方面更加突出为科技人才成长服务这个重点。深入开展科技工作者状况调查，及时准确掌握科技工作者在就业方式、科研环境、生活状况、流动趋势、思想观念等方面出现的新情况新问题，满腔热情地反映和推动解决科技工作者关心的实际问题"。近年来，中共中央书记处关于科协工作的指示中也多次强调，中国科协要着眼当好科技工作者之家，深入开展科技工作者状况调查，反映科技工作者的意见呼声，为党和政府制定有关政策提供依据，维护好科技工作者的合法权益。

为贯彻落实中央指示精神，切实履行章程赋予的职责，中国科协于 2003 年第一次全面系统地在全国范围组织开展科技工作者状况调查，2005 年建立了全国科技工作者状况调查站点，并从 2006 年建立起规范科学的科技工作者状况调查制度；2006 年召开的中国科协"七大"明确提出，"要建立科学规范的科技工作者调查研究制度，加强科技工作者调查站点建设，开通网上科技工作者调查系统，建立动态反馈机制"。2011 年，中国科协"八大"提出要"着眼于为创新型科技人才成长提供良好环境，深入开展科技工作者状况调查，为党和政府制定科技人才政策提供依据"。2016 年，中国科协"九大"提出"围绕重大问题深入调研，扎实开展科技工作者状况调查"。中共中央办公厅于 2016 年 3 月 27 日印发并实施的《科协系统深化改革实施方案》明确要求"加强科技工作者状况调查站点建设工作，准确把握科技工作者的思想动态、规模结构、变化趋势等，及时反映科技工作者的意见建议和呼声，为党委和政府科学决策提供支撑"。《中国科学技术协会事业发展"十三五"规划（2016—2020）》进一步细化要求，强调"推进调查站点体系建设。以重点高校、大型央企、高科技企业为重点，扩大全国科技工作者状况调查站点数量，优化站点布局。加强对站点的业务培训和绩效考核，提升站点工作能效。建设在线调查系统，提高调查的时效性和覆盖面。建设科学分布、结构合理的科技工作者状况调查样本库"。2018 年年底发布的《面向建设世界科技强国的中国科协规划纲要》提出要"建立完善科技工作者对党的路线方针政策响应的快速反馈机制，实时精确反映科技工作者的意见建议"，"创新完善科技工作者状况调查机制，准确把握变化趋势、思想动向和关切需求。协调和推动解决科技工作者职业发展中最关心、最直接、最现实的重大问题"。

在中国科协党组、书记处的正确领导和关怀支持下，经过科协系统上下齐心协力，科技工作者状况调查工作不断发展完善、健全规范，逐步形成了具有群团特色和科协优势的科技工作者状况调查制度，建立了规范化、制度化的调查站点体系，围绕科技和人才工作组织开展各种主题的专项调查，在学术界开创了科技工作者调查研究品牌。这既为党委政府科学决策提供数据服务，受到中央领导同志的充分肯定，也为社会公众认识和理解科技界提供新的窗口，获得科技界认可和社会各界广泛关注。

二、科技工作者状况调查工作布局

科技工作者状况调查是中国科协高端科技创新智库建设的重要品牌工作。目前，中国科协已经建立了比较完善的科技工作者状况调查制度，以调查项目为资源依托，以调查站点体系为独特渠道，以系列调查报告为品牌产品，形成了相对完善的工作体系。

科技工作者状况调查项目成为调查工作的资源和基础。中国科协通过稳定、长期的经费支持，以科技职业群体为研究对象，长期地、系统地、成规模地采集数据，开展科技工作者群体研究，包括每 5 年左右 1 次大规模的全国综合调查、每年 1～2 项定期跟踪的重点调查和每年若干项专题调查。自 2006 年以来累计开展 100 余项调查，既有全面反映科技工作者整体状况的数据，也有反映行业和区域科技工作者状况的数据，还有集中反映与科技工作者队伍密切相关的热点重点问题的数据。随着时间推移，对于科技政策研究、人才政策研究以及相关领域的学术研究，这些调查数据成为不可复制的宝贵资源。

科技工作者状况调查站点体系作为科技工作者状况调查工作采集信息的

独特渠道，充分发挥了科协组织联系广大科技工作者的特色和优势，形成规模化、体系化、规范化、制度化的调查体系。作为全国唯一一个以科技工作者为对象的调查系统，调查站点体系为及时向党中央、国务院反映人才队伍状况，反映科技工作者呼声与诉求，为党委政府制定科技人才政策起到了重要的支撑作用，是推进科协高端科技创新智库建设的重要基础条件。

科技工作者状况调查工作形成面向决策、面向公众、面向学界的系列智库产品，既有决策咨询报告上报中央提供决策支撑，也形成系列研究报告通过各类媒体公开发表，帮助社会和公众认识、了解科技界，并形成调查数据库，为我国学术界从事科技工作者群体研究的学者提供研究数据。

三、科技工作者状况调查站点的设置

1. 调查站点设置现状

建立和完善调查站点体系是构建通畅稳定双向沟通渠道的基础保障，是科技工作者状况调查制度建设的重要组成。2005 年，为落实中央书记处对中国科协的指示精神，中国科协党组书记处要求建立经常化的、规范的调研制度及建立固定监测点站，中国科协调宣部首次在全国范围内设立了 151 个科技工作者状况调查站点。2007 年，为适应科技工作者队伍发展变化的需要，增设了 68 个调查站点，站点总数达到 219 个。2010 年，根据科技工作者队伍在数量、结构、分布等方面出现的新变化，中国科协再次对调查站点进行了较大规模调整和扩增，站点总数达到 504 个。2013 年年初，为推动地方开展科技工作者状况调查，中国科协与省级科协试点建设了 150 个两级共建站点。2014 年年初，中国科协根据全国科技工作者分布情况，结合近年来各区域站点完成任务情况，以及适当照顾中西部地区的原则，进一步优化了全国站点布局；同时，将试点共建站点适时转为全国站点或省级站点，促进全国站点和省级站点两个体系建设。2016 年，通过与全国学会在重点科研院所和高校试点共建、与有关部委在双创示范基地试点共建等形式，进一步拓宽全国调查站点的建设渠道和工作范围。目前，中国科协共有 516 个全国站点，21 个省还自主建立了 300 多个省级站点，已形成了覆盖广泛、布局合理、动态调整、规范科学的科技工作者状况调查站点网络体系，这也是全国唯一一个以科技工作者为对象的调查系统。

2. 调查站点类型

调查站点分为机构类站点和区域类站点两类。其中，机构类站点包括科研院所、高等院校、大中型企业、医疗卫生机构、普通中学 5 种类型；区域（范围）类站点包括地县科协、园区、全国学会 3 种类型。2020 年，中国科协直接管理的全国调查站点（不含共建站点）包括高校站点 79 个、科研院所站点 72 个、大中型企业站点 101 个、大型卫生机构站点 53 个、中学站点 45 个，以及地县科协 106 个、园区站点 40 个和全国学会站点 10 个，能联系的科技工作者总数量超过百万人。

3. 各类调查站点的依托单位及科技工作者的常见类型

（1）科研院所站点。主要设立在县级及以上独立核算的研究与开发机构及科技信息与文献机构（不含转制院所）。科技工作者常见类型有研发人员、实验人员。

（2）高等院校站点。主要设立在按照国家规定的设置标准和审批程序批准举办的实施高等教育的全日制大学、独立学院和高等专科学校、高等职业学校和其他教育机构。科技工作者常见类型有教学人员、研发人员和教学 / 科研辅助人员。

（3）大中型企业站点。主要设立在年主营业务收入在 2000 万元以上的工业企业（或集团企业）。科技工作者常见类型有研发人员和工程人员。

（4）大型卫生机构站点。主要设立在从事医疗保健、疾病控制，既有临床也有一定科研任务的大型卫生机构，以三级以上医院为主，也包括省级疾控中心和部分医学科研单位。科技工作者常见类型有医、药、护、技人员。

（5）普通中学站点。主要设立在城市、县镇、农村规模较大的普通中学和中等职业教育学校。科技工作者常见类型有数学、物理、化学、生物、信息技术、劳动技术和自然地理等课程的教学人员。

（6）园区站点。设在国家级或省级园区的科协、园区管委会科技部门、孵化器、创业中心等单位和部门，以园区所辖范围作为调查站点工作范围，负责联系园区内所有企业科技工作者。科技工作者常见类型有研发人员和工程人员。

（7）地县科协站点。设在县（市）级行政区划和地（含省会、副省级城市）级行政区划的科协，负责联系行政区划内各类科技工作者。科技工作者常见类型有卫生技术人员、农业技术人员、科普人员、工程人员、研发人员和教学人员。

（8）全国学会调查站点。设在中国科协所属的全国学会（研究会、协会），负责联系本学会的会员。科技工作者常见类型有卫生技术人员、农业技术人员、科普人员、工程人员、研发人员和教学人员。

四、调查站点近年完成的重点任务

调查站点作为固定的数据信息采集渠道，职能是以科技工作者为主要对象，以反映基层一线的客观真实情况为目标开展问卷调查、信息报送等工作。具体任务包括：承担每年 2～5 项重点调查的问卷发放回收任务，结合国家或科技界发生的重大事件在第一时间开展应急调查；每个站点每季度需报送一篇反映本单位、本行业、本系统科技工作者队伍状况和面临问题的信息。中国科协每年度对各调查站点完成任务情况进行统计汇总（表 1-1），并实行量化指标与定性评价结合的考核方法，对成绩突出的调查站点单位给予表彰通报。

表 1-1　全国站点报送《调查站点信息》情况统计（2013—2019 年）

年份	站点数量	报送信息 / 篇	有效信息 / 篇	有效比例 /%	刊发信息 / 期
2013	654	2631	2245	85.3	135
2014	504	3176	2344	73.8	150
2015	504	3049	2456	80.6	100
2016	504	3909	2919	74.7	100
2017	516	3291	2675	81.3	100
2018	516	3452	2966	85.9	80
2019	516	3365	2721	80.9	80
合计	—	22873	18326	—	745

中国科协每年依托调查站点开展了大规模的专题调查,例如完成3轮(2008年、2013年和2017年)全国科技工作者状况调查,完成科技界对党的十七大、十八大、十九大以及科技创新大会等重大事件的应急快速调查,完成科技工作者承担项目状况调查、科技工作者思想状况调查、科技工作者流动状况调查、科技工作者心理状况调查、科技工作者创新创业情况调查、科技工作者职称状况调查等重大任务。据不完全统计,2013—2020年依托站点组织科技工作者完成问卷调查累计超过50万人次,为中国科协发挥桥梁纽带作用,推进智库建设、网上科协建设等方面发挥了重要的支撑作用(表1-2)。

表1-2　全国站点执行中国科协专项调查情况(2013—2020年)

年份	完成的专项调查及样本量
2013	第三次全国面上调查34196份
2014	科研伦理意识调查12480份,思想状况调查7086份
2015	流动状况调查、创新创业情况调查、职称状况调查,共4.6万份
2016	博士生毕业生调查、双创政策实施情况调查,共2.5万余份
2017	人才纲要评估、学术环境评估、科协改革获得感调查,心理状况调查,第四次面上调查,中共十九大反响情况的快速调查,累计11万份
2018	通过站点线下组织科技工作者上网填答问卷,分别完成科技工作者压力调查有效调查问卷94795份,科技工作者生活方式调查有效问卷71774份,科技工作者职业发展调查问卷18490份
2019	《国家中长期科学和技术发展规划纲要(2006—2020年)》实施情况调查有效调查问卷20255份、"新时代中国科技人才计划体系研究"有效调查问卷6507份、科技工作者健康状况调查有效调查问卷11232份
2020	科技工作者抗疫健康状况快速调查3337份,《传染病防治法》实施情况第三方评估调查13365份,科研人员创新激励政策实施成效与科研人员获得感调查9229份,人才发展专项调查18555份,事业单位科研人员人事管理相关制度专项调查12636份,科技工作者对作风与学风建设的态度与评价调查8879份
合计	2013年以来,累计调查样本超过50万人次

在中国科协调宣部的统筹安排下，每年基于调查站点工作完成的一批成果上报中央，为中央领导决策提供了参考。

五、未来工作考虑

科技工作者调查体系已经形成了以调查项目为载体，调查渠道、调查技术、调查系统为支撑，以调查成果服务智库建设为导向的工作格局。对标中央对中国科协深化改革的要求，对表中国科协印发实施的《面向建设世界科技强国的中国科协规划纲要》，目前的科技工作者调查站点体系和调查制度还需进一步完善。未来，我们将进一步加大创新力度和支持力度，努力将调查站点体系建设成更加科学、规范和高效的数据采集平台。

1. 利用信息化手段提高调查工作效率，提升科技界舆情监测水平

要建立数据采集、追踪、统计分析和预测于一体的调查工作平台，提高科技工作者调查体系的动态监测水平，及时了解科技队伍发挥作用的情况，分析科技工作者的群体变化趋势和内在规律。2019年以来，调查站点工作平台进行了升级改造，完善了在线调查填报系统和微信服务号推送功能。

2. 建立中国科协、地方各级科协齐抓共建、多级联动的科技工作者调查站点体系

要进一步扩大调查站点规模，推动省、市各级科协建立本地区的调查网络，形成覆盖广泛、布局合理、动态调整、规范科学的科技工作者调查体系。要进一步优化调查站点布局，在科技领军人才、一线创新人才、青年科技人才聚集的高等学校、科研院所、高新企业等机构优先设置调查站点，更加全面覆盖各层次、各区域、各职业、各学科的不同科技工作者。

3. 探索将科技工作者调查站点与科协组织建设有机结合

一方面，可以将科技工作者调查站点广泛设在企业科协、高校科协等现有基层科协组织，将调查站点及时反映基层科技工作者呼声工作作为科协基层组织密切联系和服务科技工作者的基本工作职责，赋予科协基层组织承担调查组织的职能。另一方面，将调查站点作为一种特殊的组织形式，在科技工作者

密集的地方广泛建立，通过调查站点深入科技工作者之中，听取他们的意见建议，集中他们的智慧，及时反映给各级党委政府。通过站点向所联系的科技工作者及时宣传科技政策、人才政策，扩大科协组织的影响力，不断增强科协组织对科技工作者的凝聚力和吸引力。

4.以出成果为导向加强基础研究和人才队伍建设

要以服务创新驱动发展和服务科技工作者为基本目标，贯彻落实中国科协党组部署指示精神和科协规划纲要明确的任务，围绕科技工作和人才工作开展系统的理论研究，将世界科技强国建设目标与当前社会热点和具体工作结合起来，调研工作要以出成果为导向，为推动解决科技人才队伍存在的主要问题，优化科技人才成长环境，调动科技人才的积极性主动性创造性等方面研究提供基础数据和决策建议。同时，要重视科协系统调查研究队伍建设，培养既熟悉科协发展历史和群团特色，又掌握抽样调查方法和信息化工作手段的调查人才队伍。

第二章

山东省科技工作者状况调查工作机制

一、调查工作取得成绩

（一）山东省调查站点建设情况

"科技工作者"的概念内涵和外延较为宽泛，层次多样，群体内有较大的差异，且科技工作者分布单位类型复杂、数量庞大，只有准确、科学地把握科技工作者这一群体的基本情况和变化，反映这一群体的问题和发展趋势，调查数据才能够有效服务党委政府科学决策。因此，调查工作开展时能够及时、高效、准确地找到调查对象，建设符合调查主题和信息报送需要的、相对固定的、类型比例合理的调查渠道尤为重要。

截至 2019 年，山东省拥有国家级科技工作者状况调查站点 27 个、省级科技工作者状况调查站点 33 个，站点主要设置在科技工作者较为密集的单位和组织，站点类型相对比较齐全，并根据中国科协的要求对站点进行动态调整，调查站点体系较为合理。作为稳定的沟通渠道，山东省内科技工作者状况调查站点为科技工作者状况调查的开展提供了坚实的渠道基础。

从类型来看，山东省高等学校类型国家级调查站点 7 个、省级调查站点 1 个，大中型企业类型国家级调查站点 7 个、省级调查站点 8 个，科研院所类型国家级调查站点 4 个、省级调查站点 4 个，园区类型国家级调查站点 1 个，大型医疗卫生机构类型省级调查站点2个，学会类型国家级调查站点1个、省级调查站点5个，地县科协类型国家级调查站点5个、省级调查站点12个，中学类型国家级调查站点2个、省级调查站点1个。

1. 组织调查站点开展科技工作者状况调查的情况

2016年以来，山东省科协组织省内的调查站点分别参与了中国科协组织的第四次全国科技工作者状况调查、《国家中长期科学和技术发展规划纲要（2006—2020年）》实施情况调查、科技工作者职业发展调查、科技工作者生活方式系列调查、科技工作者压力情况调查、科技界对党的十九大反响情况快速调查、科技工作者心理和职业发展状况调查、人才成长环境问卷调查、"双创政策实施情况"问卷调查、科技工作者流动状况调查、"推动大众创业、万众创新政策措施落实情况"问卷调查、2016年应届博士毕业生就业和职业发展调查、博士学位获得者就业和职业发展追踪调查等调查项目10余项。

山东省科协每5年开展针对全省科技工作者基本情况的调查工作，组织省级调查站点、部分市县科协，问卷调查和电话访谈相结合，参考中国科协全国科技工作者状况调查中山东省的调查数据，已完成3次山东省科技工作者状况调查。根据调查结果，形成了一系列调查分析报告，为了解省内科技工作者情况、更好地服务省委省政府决策、有的放矢地做好科技工作和人才工作提供了依据。

为了解不同领域、不同层次的科技工作者的情况和诉求，山东省科协联合相关研究机构，组织专家，开展了一系列的专题调查研究工作。其中，山东省重点产业人才调查、山东省青年科技奖获得者学术成长跟踪调查、山东省青年科技人才成长状况调查及对策研究、山东省科技工作者需求状况调查等调研课题，针对特定群体、特定领域科技工作者状况进行深入的调查，形成了相关研究成果，为切实解决省内科技工作者面临的突出问题，为山东省科技人才的建设、培养、引进等工作建言献策。

2. 调查站点信息上报情况

2016—2019年，山东省国家级调查站点报送有效站点信息860篇（截至2019年11月30日），省级调查站点报送有效站点信息共计508篇（截至2019年11月30日）。国家级调查站点青岛市黄岛区科协、山钢集团莱芜钢铁集团公司、山东省科学院等站点的多篇信息被中国科协内参《站点信息》刊发。

3. 所获荣誉

2016—2019 年，山东省科协连续 4 年获得中国科协颁发的"优秀区域负责部门"的称号。山东省科学院、山东省钢铁集团莱芜钢铁集团公司、青岛市黄岛区科协、山东齐都药业公司等站点在国家级站点评比中多次获得"优秀"等次；桓台县起凤镇中心学校、山东省汽车工业集团、中国石油集团济柴动力有限公司、济南大学区域软实力研究中心、菏泽单县科协、山东科技大学、青岛市黄岛区科协、山东省科学院、山东省内燃机研究所、山东英才学院、东平县科协、山东齐都药业公司、龙口市科协、泰山职业技术学院、中国科学院海洋研究所、济南高新技术产业开发区等调查站点负责人多次获得"优秀调查员"称号；山东齐都药业公司站点曾作为大中型科技企业站点的优秀代表在2017 年中国科协调查站点培训班上进行交流发言。

2016 年，山东省科协开展了优秀调查站点、优秀信息员和优秀调查员评选活动。青岛市黄岛区科协、山东齐都药业公司、中国科学院海洋研究所 3 家国家级调查站点被评为优秀国家级调查站点，聊城市东昌府区科协、德州市禹城市科协、日照市岚山区科协、滨州市滨城区科协 4 家调查站点被评为优秀省级调查站点。负责站点工作的 7 名同志被评为"2016 年度优秀信息员"，19 名相关同志被评为"2016 年度优秀调查员"。

（二）山东省科技工作者状况面上调查情况

科技力量的载体是广大的科技工作者。中共十九大报告把建设创新型国家作为贯彻新发展理念、建设现代化经济体系的重要内容，突出强调了人才在加快建设创新型国家中的特殊地位和作用。加强国家创新体系建设，强化战略科技力量，需要培养和造就一批具有国际水平的战略科技人才、科技领军人才、青年科技人才和高水平创新团队。建设创新型国家的关键，是建设一支规模宏大的科技人才队伍，充分调动并激发科技工作者的积极性和创造活力。开展科技工作者状况面上调查，了解科技工作者群体的总体情况，对调查数据进行分析研究，是更好服务领导科学决策、有的放矢做好科技工作和人才工作的重要任务。

　　为了更好地引导、组织和服务山东省内的科技工作者，激发和调动科技工作者的积极性，使之投入全省经济社会发展工作大局中，对山东省内的科技工作者工作、生活、思想、流动、舆情动态等方面进行调研分析，反映科技工作者的意见建议和呼声需求，为山东省科技政策、科技规划、人才政策、招才引智等决策提出科学依据，山东省科协每5年组织1次山东省科技工作者状况调查。截至2019年，山东省科技工作者状况调查已进行3次。

　　以2017年开展的第三次山东省科技工作者状况调查工作为例。

　　山东省科技工作者状况调查的目的是科学测算出山东省及各市科技工作者的规模、就业结构、职称职务、年龄规模、性别比例、政治面貌等基础数据；掌握山东省内科技工作者的反映与诉求，调查在职业发展、科研活动、培训交流、思想动态、职业流动、工作待遇及生活状态等方面的情况与需要，反映科技工作者的呼声和诉求；反馈山东省不同区域、不同单位、不同岗位的科技工作者的变化趋势，进行历史比较和群际比较。

　　调查方式采用问卷调查和电话问卷调查两种方式，问卷的调查对象是调查站点联系的科技工作者，采用集中填答的形式，电话问卷面向的调查对象是省内城乡居民。此外还选择部分单位进行调研，组织典型案例访谈和座谈。

　　问卷调查和电话问卷调查的抽样方案有所不同，且不同的站点类型抽样数量也不同。问卷调查在原有的60个国家和省级站点的基础上，枣庄、东营、聊城、菏泽4个市各新增1个区域类型的调查点，枣庄、烟台、潍坊3市各增加1家医疗机构类型调查站点，临沂、聊城、菏泽3市各增加1个中学类型调查站点。调查样本数量分配为，山东省30个省级调查站点，每个区域调查站点200个样本，机构类调查站点和学会类调查站点各80个调查样本。新增调查点每个分配60个样本。全省共发放调查问卷4880份，实际回收问卷4567份，回收率93.6%，剔除无效问卷后的有效问卷4465份，有效率达到91.5%。电话调查的目的是推算全省及各市科技工作者数量。电话调查样本数按照人口数分为4档：800万及以上人口的市分配2000个样本，400万～800万人口的市分配样本1500个，200万～400万人口的市分配样本1300个，200万以下的市分配样本1000个。总计电话调查样本26500户。

调查开展前组织调查培训。为确保调查过程与调查结果的科学性和准确性，省科协对各市、各县（市、区）科协具体负责调查工作的人员、新增调查站点负责人和调查员进行培训。培训内容围绕全省科技工作者状况调查总体安排、站点承担的任务、调查工作要求、调查抽样步骤和方法、问卷发放和组织填答的注意事项、问卷审核回收等方面。

为保证调查能够顺利开展，统筹协调调查工作，山东省科协成立了全省第三次科技工作者状况调查领导小组，组长为省科协副主席，副组长为省科协调宣部部长。领导小组办公室设在山东省应用统计协会，办公室主要负责调查员的培训、调查实施、质量控制和数据分析等相关工作。

数据采集结束后，进行数据分析与成果整理。整理问卷调查结果和电话调查结果，对合格的问卷进行数据录入，利用 SPSS 等分析软件，建立数据库进行分析。

结果显示，山东省科技工作者总量为 535.19 万人，科技工作者职业类型及结构状况发生了比较大的变化，农业科技人员以及自然科学类人员所占比重有所提升，总体趋于优化；科技工作者的创造性、积极性和责任感均有比较大的提升，科技工作者更加关注新技术、新产品的创新和转化；科技工作者生活幸福感和满意度比较高，对未来 5 年的事业发展和生活水平有信心，对提升自身发展空间的需求也非常强烈。

（三）山东省科技工作者状况专项调查情况

准确把握科技界发展动向是山东省科协建设高水平科技创新智库的重点任务之一。近年来，山东省科协深入开展科技工作者状况调查，建立相关科技人才的基础数据库，及时了解科技工作者在规模、结构、分布、就业方式、业务取向等方面的新变化、新问题，准确把握山东省内科技界新形势、新动向，反映科技工作者的建议、呼声和诉求。2018 年以来，山东省科协围绕山东省提出的创新型省份建设和新旧动能转换试验区建设，紧抓科技人才支撑这一关键，深入研究人才培养、人才使用和引进的机制、科技战略和产业发展政策，服务省委省政府科技人才工作。

为了掌握山东省内科技工作者状况，山东省科协依托调查站点，针对特定群体、特定领域的科技工作者状况开展专项调查，主要围绕省委省政府关切的、省内科技工作者密切关注的、本省科技进步社会发展亟须解决的问题开展调查研究。

近5年来，山东省科协以委托课题的形式进行了山东省重点产业人才调查、山东省青年科技奖获得者学术成长跟踪调查、山东省青年科技人才成长状况调查及对策研究、山东省科技工作者需求状况调查等一系列山东省科技工作者状况专项调查工作，并取得了重要的成果。

1. 山东省重点产业人才调查

山东省重点产业人才调查是2018年山东省科协重大委托项目课题，主要围绕调查产业人才状况开展，调查范围针对山东省新旧动能转换"十强"产业中的7个自然科学领域的产业。涉及产业发展、产业技术创新发展、产业人才大数据分析、产业人才队伍建设存在的问题和产业人才发展的思路与对策建议等方面。

调查项目设置8个子课题，子课题由山东省内具有丰富专业经验、研究力量比较雄厚的省级学会承担。其中，山东电子学会负责新一代信息技术产业子课题，山东省铸造协会负责高端装备产业子课题，山东金属学会负责新能源新材料产业子课题，山东省海洋经济技术研究会负责海洋产业子课题，山东医学会负责医养健康产业子课题，山东化学化工学会负责化工产业子课题，山东省农学会负责现代农业产业子课题，济南市科学传播学会负责大数据分析课题。

为保证研究的顺利进行，统筹协调调查工作，山东省科协成立课题领导小组，组长由山东省科协党组副书记、副主席担任，领导小组成员由省科协各部室负责人和山东省发改委相关同志担任。

调查研究采用文献研究、德尔菲法、专家咨询法、案例分析法和科学计量学、大数据分析、知识图谱等技术方法与手段，科学辨识出山东省重点产业技术创新未来重点方向、产业科技人才分布情况，并首次绘制了山东省重点产业人才图谱，形成了近27万字的《山东省重点产业人才发展报告》，为找准山东省新旧动能转换的创新发力点——科技与人才提供了强有力的决策咨询支撑。

子课题的调查研究模式，以化工产业子课题为例。化工产业子课题由山东化学化工学会承担，子课题组成员为山东化学化工学会和山东省化工学院相关研究人员。子课题组组织化学化工领域著名专家，通过召开课题咨询会、相关化工领域论坛、行业会议、调研走访省内重点化工企业等，梳理出山东省化学化工产业技术创新情况；着重就省内硅材料、氟材料、离子膜等领域重点创新研发机构状况进行研究，详细列出了山东省化学化工重点研发平台及化学化工人才情况表；分析山东省化学化工产业人才创新发展存在的问题及原因，并提出加快领军人才集聚、不断壮大人才队伍，创新人才引进方式、拓宽人才引进渠道，加大扶持引导力度、增加专项资金投入，有效整合资源要素、全面提升创新能力等 4 项加快山东省化学化工产业人才创新发展的实施路径。同时，基于 AMiner 平台进行产业人才大数据分析，在分析 Scopus 数据库中收录的学术和会议论文等数据，完成了包括聚氨酯（MDI）、聚氨酯（TDI）等 12 个化学化工大门类下子领域的专家信息；列出化学化工领域"Top1000 学者"，分析山东省在化学化工领域的人才分布、学术能力水平和人才流动情况等。子课题组提出了破解高端化工人才发展问题的有效路径，即重点在聚力打造功能园区、培育产业集群、创新体制机制、优化服务环境、集聚领军人才等方面发力，加快高层次创新创业人才的聚集，实现科技资源优势向现实生产力优势转化，为实现产业跨越发展提供强大驱动；给出引进和培养环保型（水性和无溶剂）聚氨酯产品、改性含氟聚合物的特种氟单体等化学化工领域研究人才和产业人才的建议。

2. 山东省青年科技奖获得者学术成长跟踪调查

2016 年，山东省科协开展全省青年科技奖获得者学术成长跟踪调查。调查主要围绕了解和掌握山东省具有发展潜力、起骨干作用的青年科技人才的科研、生活实际状况和需求开展。

调查范围为山东省青年科技奖获得者，分析研究科技人才政策环境、人才评价与激励、人才创新创业环境对青年科技人才成长成才起到的推动作用和不足之处，探究山东省青年科技人才竞争力的现状及发展潜力，为省委省政府制定和完善青年科技人才队伍建设相关政策提供决策参考。

调查工作由山东省科协指导，山东省青少年科技活动中心联合山东大学开展。调查研究方法：①问卷调查法。以全省具有发展潜力、起骨干作用的青年科技人才为样本，调研青年科技人才的基本情况、科研情况、生活状况、实际需求等。②文献研究法。利用国内外的书籍、报刊、网络等公开的文献载体，以及官方发布的统计资料，从中检索和整理影响青年科技人才成长主要的因素。③专家咨询法。构建青年科技人才竞争力评价指标体系，在筛选指标时，需充分征求专家意见，并通过多次讨论确定入选的指标；在确定指标权重时，在专家咨询的基础上，采用层次分析法进行计算。④模糊评判法。由于科技人才竞争力各评价指标没有测量数据及定量形式，部分数据很粗糙，利用模糊数学方法，对不同区域的青年科技人才竞争力的优劣进行模糊评判。

调查通过深入了解和掌握山东省内具有发展潜力、起骨干作用的青年科技人才的科研、生活实际状况和需求，并结合青年科技人才的成长规律、成长过程进行分析，构建了适用于山东省青年科技人才能力发展的模型，并对青年科技人才成长影响因素进行分析。从青年科技人才成长的阶段性特征、青年科技人才的成长过程、青年科技人才成长的影响因素等多个维度，开展系统研究，找出影响青年科技人才成长的关键因素，为青年科技人才竞争力评价体系的构建奠定基础。本次调查还建立了一套科学合理的区域青年科技人才竞争力评价指标体系，对比山东省各区县，以及山东省与国内其他典型区域（北京、上海、广东、江苏、湖北、吉林等），从横向与纵向两个方面，对区域内青年科技人才竞争力进行实证分析，对全省青年科技人才成长与发展的优势和不足进行归纳分析。

3. 山东省科技工作者需求状况调查

2016 年，山东省科协开展了山东省科技工作者需求状况调查。调查主要围绕山东省科技工作者在工作、科研、学术交流、继续教育、生活等方面的需求，知晓广大科技工作者所思所想，对党和政府诉求，反映科技工作者的意见、呼声和要求，向省委省政府及相关部门提出相应建议。同时，调查着重了解广大科技工作者对科协履行科技工作者之家职能工作的意见和建议、找出科技工作者之家建设中存在的主要问题，以便更好地服务科技工作者。

调查研究以问卷调查、典型调查和访谈等方法进行，以问卷调查为主。经过调查，掌握山东省科技工作者日常工作、工作满意度、创新创业意愿、科研项目申报、科研经费收支、科研劳动智力报酬、学风道德建设、科研自主权等面临的问题。调查还征询省内科技工作者对山东省科协工作的评价以及未来希望省科协能够提供怎样的帮助和服务。

4. 山东省青年科技奖获得者学术成长跟踪调查

山东省青年科技奖由山东省委组织部、山东省人力资源和社会保障厅、山东省科学技术协会共同设立并组织实施，面向全省广大青年科技工作者的奖项，每3年评选1次。该奖项重在奖励山东省内在自然科学研究领域取得重要的、创新性的成就和做出突出贡献，或在工程技术方面取得重大的、创造性的成果，并有显著应用成效，或在科学技术普及、科技成果推广转化、科技管理工作中取得突出成绩，产生显著的社会效益或经济效益的青年科研工作者。截至2015年，全省已评出11届，获奖总人数567人。

2015年，山东省科协组织开展山东省青年科技奖获得者学术成长跟踪调查，主要调查山东省科技奖获得者的学术成长路径，调查对象为历届青年科技奖获得者。跟踪调查的目的是为了解567名山东省青年科技奖获得后，对青年科技工作者的成长进步所起的作用有多大、评上青年科技奖所在单位认可度如何；调查获奖者目前事业上发展状况、生活状况以及为山东省乃至国家的经济社会发展的贡献情况如何，目前在科技活动中还有哪些诉求，希望省科协提供哪些服务；调查了解青年科技工作者对开展青年科学科技奖的评选，以及评上后如何进行跟踪管理和服务，有何好的意见，对如何选拔和举荐优秀青年科技人才有何好的建议。

调查研究方法是座谈会、问卷调查、专访等。召开历届青年科技奖获得者代表座谈会，向每一位能够联系上的青年科技奖获得者发放调查问卷；邀请有关人才管理专家，针对青年科技奖获得者的问题，以及如何培养优秀青年科技者进行访谈；对一些成就特别突出的青年科技奖获得者个人及所在单位，进行典型调查。

调查研究为历届山东省青年科技奖获得者描绘了"肖像"：山东省青年科

技奖获得者普遍学历高、职称高，以男性为主，流动性不大；山东省青年科技奖获得者工作满意度较高，科研成果较丰富，希望科协能够提供更多帮助和支持；获奖者对自己的收入水平和社会地位定位在中等及以上，对未来充满信心，幸福感较高；获奖的青年科技工作者参政议政意愿较强烈，对未来的科技发展充满信心。

5. 中国工程院院士产业分布分析调查研究

2019 年，在山东省科协的指导下，山东省创新战略研究院开展了中国工程院院士产业分布分析调查研究。研究围绕集聚院士智力资源推动新旧动能转换，全面了解掌握全国高端人才资源分布情况，梳理掌握各学科领域享有较高影响力、对我省产业发展具有重大引领作用的高端人才及其团队，对标山东省新旧动能转换"十强产业"和"八大战略布局"对于高端人才的需求。

调查收集和整理中国工程院院士基本信息、研究领域信息，包括姓名、民族、性别、籍贯、出生日期、当选院士年份、学部、学科、所带领团队的活跃度以及贡献。根据山东省发展重大战略和各院士所在学部、学科及其年龄对其进行分类管理，构建人才梯度框架，结合山东省重大发展战略、国家学科分类、企事业单位需求建立分类模型，建立适合山东省各级党委、政府和企事业单位需求的高端人才库。根据各工程院院士的研究方向分析所在的产业领域，分析山东省十强产业发展情况、优势特点及不足，对该领域的中国工程院院士进行统计分析，形成中国工程院院士索引名录。

二、调查工作机制

（一）组织领导机制

科技工作者状况调查，作为及时准确掌握科技工作者职业、生活、思想动态等方面出现的新情况新问题的重要调查方法，反映当前科技工作者最关心的问题，向山东省委、省政府反映本省科技人才队伍情况，为制定科技人才政策起到重要支撑作用，是山东省科协建设科技创新智库的重要环节。

山东省科协是全省科技工作者状况调查工作的管理和指导部门，主要职责是审定年度站点基本运行经费、站点绩效考核经费、面上调查和专项调查经费的预算情况，制定年度本省科技工作者状况调查工作方案，预算使用计划以及相关工作的总结评估工作。

山东省创新战略研究院是全省科技工作者状况调查工作的执行单位，主要负责制定年度调查工作方案；发放本年度站点运行经费，对上一年度省内国家级调查站点和省级调查站点进行总结评价，根据上一年度站点工作绩效情况，发放站点绩效考核经费；组织省内各调查站点参加中国科协举办的年度调查站点培训班，省内定期组织站点调查工作会议、培训班等业务培训，提高站点的工作积极性，促进调查技术和调查水平的提升；调度敦促国家级调查站点，积极参与中国科协开展的科技工作者调查项目，保质保量完成调查任务；收集、汇总和编辑省级调查站点信息，选取优秀的信息，刊发在山东省科协内参材料《科技界情况》。组织省内已有站点，并适当增加调查样本，开展 5 年 1 次的山东省科技工作者状况调查，反映本省科技工作者形势，掌握一手相关数据；组织开展面向山东省内科技工作者的专项调查，以问题为导向，开展特定领域、特定层次科技工作者的调查研究，为党委政府科学决策提供有效支撑；开展站点年终绩效考核，根据参与业务培训、调查完成质量、站点信息报送情况等评价指标，对国家级站点和省级站点进行考核评比，选优奖勤，罚懒汰劣；落实站点轮换工作，积极调整省级调查站点的布局，拓展调查渠道，为调查"新鲜血液"的加入奠定了基础。

（二）调查站点布局机制

调查站点的建设是科技工作者状况调查工作重要的基础。山东省内科技工作者状况调查站点共计 60 个，站点类型齐全，涵盖了高等学校、科研院所、大中型企业、地县科协、中学、园区和学（协）会等机构。

山东省调查站点分布情况为国家级调查站点 27 个，省级站点 33 个（图 2-1）。为各项科技工作者调查工作打下坚实的渠道基础，为国家级调查站点轮换起到"蓄水池"和"资源库"的作用。

山东省级调查站点

- 高校：山东农业大学、山东省地质测绘院、山东省农业科学院
- 科研院所：济南市高新区活力元素开发中心、德州市人才服务中心
- 地县科协：济南市中区科协、济宁市兖州区科协、威海市文登区科协、日照市岚山区科协、济南市钢城区科协、临沂市罗庄区科协、禹城市科协、聊城市东昌府区科协、滨州市滨城区科协、临沂市高新区科协、淄博市科协、龙口市科协
- 大中型企业：解放军第四八零八人零工厂 威海修船厂、山东观鱼台置业有限公司、潍柴动力股份有限公司、滨州渤海活塞股份有限公司、青岛金诺国际会展有限公司、山东新创生物科技股份有限公司、龙福环能科技股份有限公司、日照港集团有限公司
- 学会协会：山东省科普作家协会、山东省硅酸盐学会、山东省自动化学会、山东省日用硅酸盐协会、山东省化学化工学会
- 医疗卫生机构：山东省莱芜钢铁集团有限公司医院、山东省疾病预防控制中心
- 中学：章丘四中

国家级调查站点

- 高校：山东大学、济南大学区域软实力研究中心、山东科技大学、青岛农业大学、山东建筑大学、山东英才学院、泰山职业技术学院
- 科研院所：中国科学院海洋研究所、山东省内燃机研究所、济南市供排水监测中心
- 地县科协：东平县科协、青岛市黄岛区科协、菏泽市单县科协、烟台市芝罘区科协、潍坊市坊子区科协
- 大中型企业：中国重汽集团有限公司、中钢集团莱芜钢铁集团有限公司、山东齐都药业公司、海尔集团、中国石油集团济柴动力有限公司、中车山东机车车辆有限公司、山东省汽车工业集团
- 学会协会：山东省中医药学会
- 园区：济南高新技术产业开发区
- 中学：济南历城一中、桓台县起凤镇中心小学校

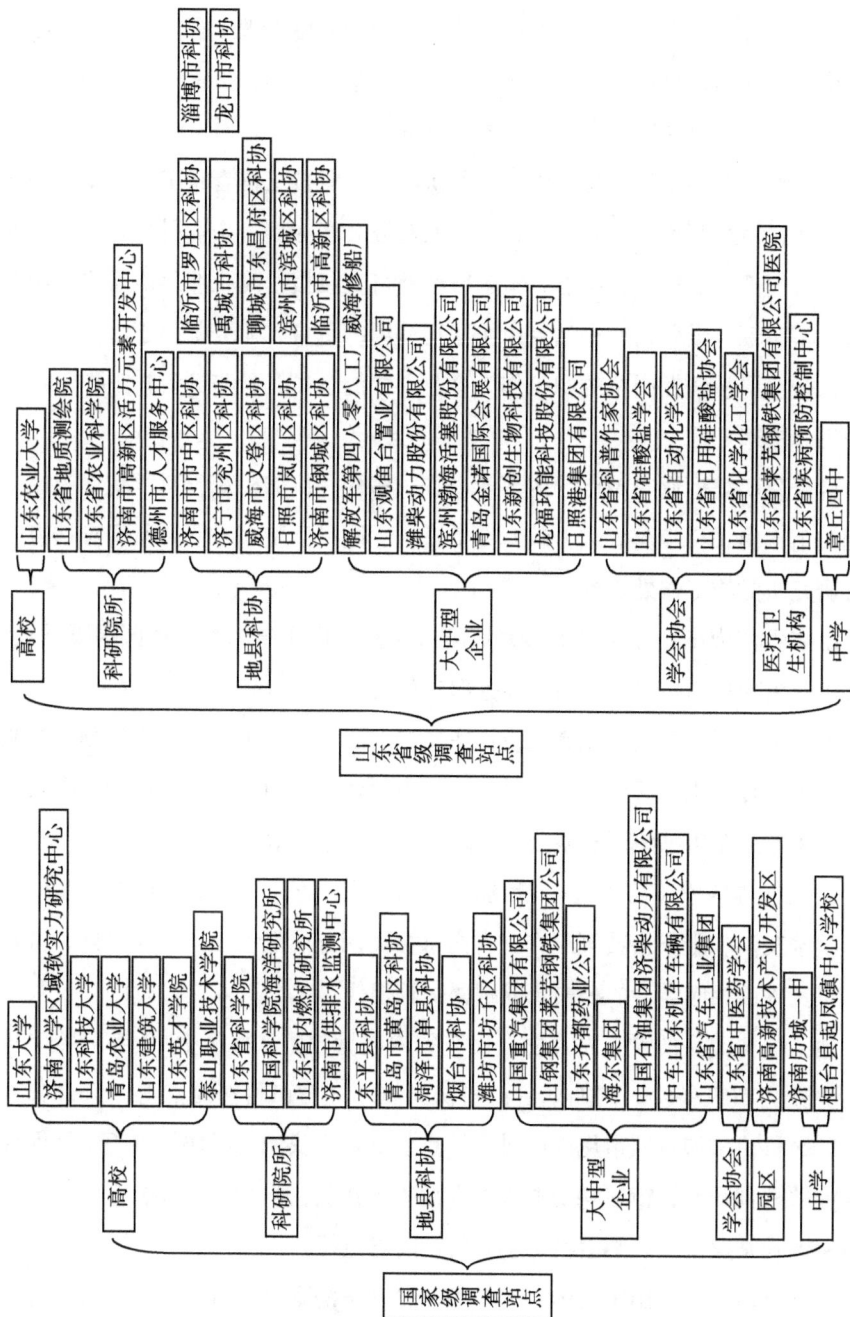

图 2-1　山东省科技工作者状况调查站点建设情况（截至 2019 年）

山东省调查站点根据类型的不同，有多样的内部管理方式。高等学校类型调查站点分为学院负责类，如山东建筑大学站点由管理工程学院管理；图书馆负责类，如山东科技大学站点相关工作交由学校图书馆负责；研究中心负责类，如济南大学由区域软实力研究中心负责。

大中型企业类型调查站点由企业科协组织，科技工作者状况调查工作的落实由企业科协组织负责。以中国重汽集团有限公司为例，企业科协属于独立的部门，有内部独立账户，站点基本运行经费可直接拨付到企业科协账户。中车山东机车车辆有限公司调查站点由企业科协组织负责，业务归属于单位科技管理部，企业科技研发岗位的职工作为企业科协的会员，参与到科技工作者状况调查工作中来。

科研院所类型调查站点的内部管理方式多样，例如山东省科学院调查站点的相关工作由《科学与管理》编辑部负责；中国科学院海洋研究所调查站点工作交研究所党群工作处负责。

山东省济南高新技术产业开发区调查站点是山东省内唯一的园区类站点，调查工作由单位内负责招商引资业务部门负责。

大型医疗卫生机构类调查站点山东省内有 2 家，其中山东省疾病预防控制中心站点工作由山东预防医学会承担，站点负责人也由该学会专职副秘书长担任；山东省莱芜钢铁集团有限公司医院的站点工作，由该单位科教科负责。

山东省内的学（协）会一般设有专职的秘书处，负责学会建设、对外联络、学术交流、服务会员等工作。省内学会类调查站点设在学会秘书处，调查站点负责人由相应学会的秘书长或副秘书长担任。

地县科协类型的调查站点协会山东省内数量较多，截至 2019 年，共计 17 家，少数为市级科协，例如烟台市科协站点、淄博市科协站点等，大部分为县、区级科协，如日照市岚山区科协站点、滨州市滨城区科协站点等。为保证工作能够顺利开展，市级科协调查站点调查工作放在学会部或办公室，县、区级科协调查站点负责人则由科协主要负责同志担任。

中学类型的站点山东省内共有 3 家，分别是济南市历城一中、桓台县起凤镇中心学校和章丘四中，站点相关工作由教务处科技创新中心、学校办公室等部门负责。

调查站点对调查对象的抽样方式有3种：①由下属的二级单位或处室上报名单，站点负责人从名单中随机抽样选定调查对象；②站点负责人与本单位科研处室或人事部门协调，以科研任务的形式下达，抽样任务转交相关部门落实；③站点负责人组织符合条件的调查对象，开展问卷填答工作。

调查站点的信息编报工作由站点负责人完成或面向站点内部科技工作者征集。信息素材和内容来源主要为单位科研部门会议、全体职工大会、单位领导的重要讲话，本单位科技工作者交流互动、自身经历体会以及社会热点等。站点信息编报内容包括科技工作者现状、问题和解决对策，能够较为真实地反映站点内部科技工作者所思所想。

山东省内国家级调查站点和省级调查站点，切实履行科协作为党和政府联系科技工作者的桥梁和纽带职责，通过规范、固定的调查平台建设，开展科技工作者常态化调查与专项调查工作，及时、准确地了解和掌握科技工作者的思想状况、需求、意见和建议，维护科技工作者合法权益，在科技工作者与党和政府之间建立了畅通稳定的沟通渠道。山东省调查站点负责人的主要职责为，组织站点所在单位科技工作者，积极参与中国科协、山东省科协开展的面上调查、专项调查和重点调查工作；按季度报送反映一线科技工作者状况及对相关问题意见建议的站点信息；国家级调查站点通过中国科协科技工作者状况调查平台上报信息、接收通知、反馈情况；省级调查站点通过邮箱、QQ群、微信群与山东省科协进行信息交流、工作汇报、通知下载、情况反馈等；对站点相关工作的运行和经费的执行进行管理，切实保障站点有效运转。

（三）站点管理考核机制

制定科学、细致的调查站点管理制度，能使调查组织、日常管理、信息编报等工作规范化、制度化，明确奖惩，激发站点工作的积极性。为能保证各站点保质保量完成中国科协科技工作者状况相关调查任务，山东省科协参照中国科协关于站点工作的相关规定，建立了比较完善的科技工作者调查站点管理制度。

为加强科技工作者状况调查站点的管理工作，实现调查站点管理的规范化和制度化，2015 年，山东省科协依据《中国科协科技工作者状况调查站点考核评估办法》，制定了《山东省内国家级科技工作者状况调查站点管理细则》。该管理细则为山东省内国家级调查站点的建设、管理、考核以及调查工作的组织开展提供了制度保证，为山东省国家级调查站点管理依据，明确了管理机构及职能、科技工作者状况调查工作的运行机制、调查站点工作人员的任务和责任、经费保障、考核要素与考核办法等内容，实现了省内调查站点管理的规范化和制度化。

2017 年，山东省科协修订了《山东省科技工作者状况调查站点年度工作考评标准》，在明确站点考核记分标准的同时，确定省级优秀站点信息员和优秀站点调查员的评选标准。同时，对获得"优秀调查站点"的省级站点工作人员进行表彰激励，对获得"优秀信息员""优秀调查员"的省级站点人员进行表彰激励；对未能完成信息报送基本任务的站点调查员和信息员，评价为不合格，明确奖惩。

根据《山东省科技工作者状况调查站点年度工作考评标准》，评选青岛市黄岛区科协等 3 家国家级调查站点为 2016 年优秀国家级调查站点；聊城市东昌府区科协等 4 家调查站点被评为 2016 年优秀省级调查站点。7 名同志被评为"2016 年度优秀信息员"，19 名同志被评为"2016 年度优秀调查员"，对优秀站点、优秀信息员及优秀调查员获奖单位和同志，发放相应的补贴，表彰了先进，树立了榜样，鼓励调查站点更好地开展科技工作者状况调查工作。

（四）"问题—课题—话题"相互促进机制

"问题—课题—话题"相互促进机制是指对站点上报信息进行整理分析，形成科技工作者集中关注的问题，把问题作为课题研究的依据，联合专家进行课题研究，对课题研究结果进行分析整合，形成"话题"转化成决策咨询成果（图 2-2）。

站点上报信息是反映一线科技工作者在工作、生活、思想等方面遇到的问题，总结汇报站点所在单位在培育、引进、服务、管理、考核人才方面的有

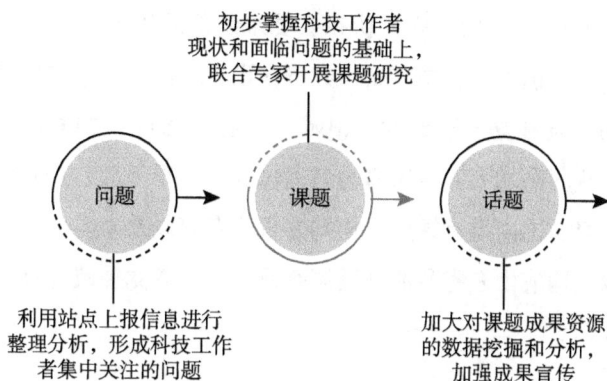

初步掌握科技工作者
现状和面临问题的基础上，
联合专家开展课题研究

问题 → 课题 → 话题 →

利用站点上报信息进行
整理分析，形成科技工作
者集中关注的问题

加大对课题成果资源
的数据挖掘和分析，
加强成果宣传

图2-2　"问题—课题—话题"相互促进机制

效经验，针对社会反映突出的舆情热点提出见解和建议。对站点上报信息的内容，利用扎根理论和质性研究等方法，构建指标体系进行分析，形成科技工作者现状及科技工作者对相关问题的态度和意见，作为开展课题研究的依据。

在初步掌握科技工作者现状和面临问题的基础上，联合专家开展课题研究，遵循"进行理论拓展，形成理论模型，提出相应的研究假设，对研究所提出的理论模型进行检验与修正"的研究路径，得到研究结论、理论成果以及政策启示。

将课题成果转化成"话题"，关系到课题成果转化为决策咨询成果，从而更好地服务党委政府决策。山东省科协一方面加大对课题成果资源的数据挖掘和分析，在战略研究、科技预见、人才政策等方面深挖细掘，形成高质量的决策咨询报告。另一方面，加强对研究成果的宣传工作，对不涉密的成果，加大宣传推介力度，探索不同的推广模式，利用省科协微信公众号宣传矩阵、"学习强国"App等受众面广的新媒体渠道，以通俗生动的形式，准确传递信息，引导社会热点。

（五）调查研究协作机制

科技工作者状况调查的研究群体是科技工作者，研究方法是以问卷调查为主的社会学研究方法，这就需要学科多元的专家队伍和不同研究背景的研究力量作为支撑。2016 年，山东省科协在省委组织部的领导下，开展了山东省首批智库高端人才遴选工作，主要聚焦经济建设、政治建设、文化建设、社会建设、生态文明建设和党的建设六大领域。截至 2018 年，共遴选出约 300 名智库高端人才，智库高端人才专家多为离退休党政领导干部、企业技术高管、省内外著名企业家、国内重点智库机构知名智库专家以及省内各领域著名学者和研究人员，以此构成山东省科协开展调查研究、服务党委政府决策的重要依靠力量（图 2-3）。

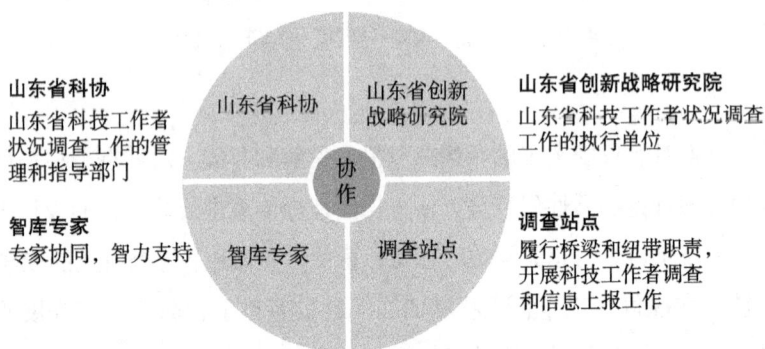

山东省科协
山东省科技工作者状况调查工作的管理和指导部门

智库专家
专家协同，智力支持

山东省创新战略研究院
山东省科技工作者状况调查工作的执行单位

调查站点
履行桥梁和纽带职责，开展科技工作者调查和信息上报工作

图 2-3　调查研究协作机制

构建"小中心、大外围"的柔性科协系统与智库专家协同的协作机制。"小中心"指山东省科协和山东省创新战略研究院，主要在中国科协的领导下，积极组织统筹省内调查渠道，完成中国科协的调查任务和信息上报任务，负责制定年度省内科技工作者调查规划和任务，准确把握本省科技工作者调查研究工作的方向，使研究成果更具有针对性和可操作性。"大外围"是指，通过山东省智库高端人才队伍建设，扩大人才工作辐射，扩充科协系统优秀人才资源，作为重要的研究力量。

健全完善决策咨询平台，构建"小中心、大外围"的网格化人才和创新战略研究工作体系，建立智库决策咨询专家库、需求库、成果库、数据库。搭建智库跨界融合交流平台，延伸"大外围"边界。以创新战略研究院为依托，筹建山东省创新战略研究会，建立融国家级机构智库、省外智库、市县和企业智库于一体的智库联盟，搭建不同层次、不同专业、不同研究领域的专家人才合作协同的创新战略研究平台，畅通跨界融合渠道，有效解决资源分布不均、资源调配不充分等问题，加大对各类智库成果资源的数据挖掘和分析，在决策咨询、战略研究、科技预见、政策模拟等方面深挖细掘，拓展研究视界，打造一批具有山东特色的决策咨询品牌。

三、调查工作模式

（一）科技工作者状况面上调查的工作模式

面上调查即山东省科技工作者状况调查，是针对山东省内科技工作者的大规模综合调查。每5年开展1次，主要反映山东省内科技工作者群体，在工作概况、成果奖励、科研活动、交流进修、职业评价、生活状况、社会参与、观念态度、海外深造等方面的基本状况，研究每5年相关数据的变化，分析省内科技工作者群体的变化趋势。面上调查数据为山东省制定科技工作者相关政策提供了数据支撑，提高了相关政策、制度制定的科学性。

面上调查由山东省科协组织实施，主要负责调查设计，把握调查的整体方向，审定预算，统筹协调站点、相关市县科协做好调查组织工作。调查工作的合作机构，一般通过招标，为有丰富社会调查经验的单位，负责利用其专业的调查知识和成熟的调查技术，落实和推进科技工作者状况调查，并对数据进行处理和分析。调查开展前，山东省科协成立全省科技工作者状况调查领导小组，组长由省科协相关工作的分管主席担任，副组长由省科协调宣部主要负责同志担任，山东省创新战略研究院、山东省学会服务中心等单位负责具体工作的统筹和组织。

领导小组下设办公室，设在科技工作者调查工作的合作单位，负责调查员的培训、调查实施、质量控制、数据分析等具体事项。2013年和2017年，山东省科协组织开展了全省第二次科技工作者状况调查和全省第三次科技工作者状况调查，均与专业调查机构合作。该机构拥有统计、绩效评估、综合评价、社会组织评估、科技人员调查、人才评价等方面的人才优势，拥有绩效评估、科技人才评价、社会组织评估等方面的专家库。全省科技工作者面上调查中，调查员的培训和调查结果的分析研究等工作，流程严谨标准，所得的调查结果有横向比较和纵向比较的价值，能够准确反映出省内科技工作者的动态变化。

山东省科技工作者面上调查除了描述和分析省内科技工作者总体情况，还将山东省科技工作者调查状况与全国科技工作者状况进行比较。比较的内容包括：科技工作者基本情况、科研活动及成果、工作环境与就业环境、职业意愿、学习交流经历、收入待遇和生活状况、思想状况、社会参与状况、青年科技工作者状况、女性科技工作者状况、高校科研院所科技工作者状况、科技社团建设状况、非公单位科技工作者状况等数据。同时，面上调查还进行调查数据的深度挖掘，找出省内科技人才情况的优势与不足、面临的问题和困扰，形成专题报告，对省内科技人才建设、科技工作者状况改善等方面出针对性和可操作性的对策建议。

（二）科技工作者状况专项调查的工作模式

专项调查以课题为依托，通过委托调研和自主申报等方式进行。山东省科协组织山东省内研究团队开展科技工作者调查研究，引导具有丰富社会群体研究经验的团队竞争性承接。

从 2015 年开始，山东省科技工作者状况专项调查研究，主要有"山东省重点产业人才发展研究""山东省青年科技人才成长状况调查及对策研究""山东省科技工作者需求状况调查"和"中国工程院院士产业分布分析"等调查研究项目。其中，2018 年"山东省重点产业人才发展研究"调查项目，由省科协统一协调组织，联合山东电子学会、山东省铸造协会、山东金属学会、山东省海洋经济技术研究会、山东医学会、山东化学化工学会、山东省农学会和济南市科学传播学会等 8 家省内优秀学会共同参与；2019 年"中国工程院院士产业分布分析"调查研究项目，由山东省科协指导、山东省创新战略研究院联合山东财经大学、山东省大数据研究会共同开展；2016 年"山东省青年科技人才成长状况调查及对策研究"调查研究项目，由山东省科协指导、山东省青少年科技活动中心联合山东大学组织调查研究；"山东省科技工作者需求状况调查"

调查研究项目，由山东省科协联合山东省应用统计学会、济南大学软实力研究中心共同承担。

（三）针对特定领域的科技工作者调查模式

针对特定领域的科技工作者状况调查，为了解山东省内特定学科、产业和不同层次的科技人才提供了有力抓手。山东省科协在开展针对特定领域科技工作者调查的过程中，形成了有效的调查研究工作的模式。

山东省科协主管的省级学会、协会、研究会共 152 个，学科种类比较齐全、会员专业精湛，并有学术活动和行业交流作为专业基础和实践经验。会员从事理论研究，或为相关领域科技工作者，智力资源丰富，横向联系广泛，具备跨部门、跨学科的特点，在理论研究、交流合作、实践工作等方面有突出的优势。山东省科协利用学（协）会，开展产业人才研究，充分发挥学（协）会领域齐全和专业特点，精准找出省内产业人才队伍建设所存在的问题，具有权威性和专业性，并对山东省产业人才发展提出前瞻性和针对性的对策建议。

2018 年，山东省科协重大委托课题"山东省重点产业人才研究"课题，由省内 8 家学会的共同完成，参与调查研究的学（协）会，多年厚植省内重点产业，熟悉产业发展基本情况、产业技术创新情况、产业人才发展情况。其中，山东电子学会负责新一代信息技术产业的人才研究，山东省铸造协会负责高端装备制造产业的人才研究，山东金属学会负责能源原材料领域的产业人才研究，山东省海洋经济技术研究会负责海洋产业的人才研究，山东省医学会负责医养健康产业的人才研究，山东省化学化工学会负责化学化工产业的人才研究，山东省农学会负责现代农业产业的人才研究。济南市科学传播学会利用大数据挖掘和分析手段，对相关产业科技人才数据进行汇总和分析。

（四）紧跟省委省政府关切问题调查模式

山东省科协坚持为科技工作者服务、为创新驱动发展服务、为提高全民科学素质服务、为党委政府科学决策服务的职责定位，正在加速形成智库、学术、科普"三轮"驱动的工作格局。科技工作者状况调查工作是倾听科技工作者声音、反映科技工作者情况的重要手段，也是党委政府制定相关科技政策、进行科学决策的重要参考。省科协将科技工作者状况调查工作作为服务党委政府科学决策的重要抓手之一，围绕山东创新省份建设和新旧动能转换综合实验区建设的工作重心，结合反映科技界情况、科技人才状况的工作特色，拓展相关领域的决策咨询优势。

2018年，山东省新旧动能转换综合试验区建设起势，山东省委省政府提出全省要着力在做优、做强、做大"十强"产业上实现新突破。无论推动新兴产业快成长、上规模还是传统产业提层次、强实力，都离不开产业人才。山东省科协作为省委领导下的群团组织，紧跟全省新旧动能转换工作，有针对性地开展重点产业人才研究，团结全省科技工作者，肩负为省委省政府科学决策服务的职责，将决策咨询服务工作的重点聚焦于科技人才。2018年，山东省科协组建了"山东省重点产业人才发展研究"课题组，选取"十强"产业中新一代信息技术、高端装备、新能源新材料、海洋产业、医养健康、绿色化工、现代高效农业等7个产业方向，围绕全省重点产业技术创新未来重点方向、产业科技人才分布情况开展调研，通过大数据分析、知识图谱等先进技术方法与手段，首次绘制了山东省重点产业人才图谱。《山东省产业人才发展报告》送至省发改委、省经济和信息化委等单位部门，为"十强"产业招才引智提供重要参考。

2019年，在山东省科协的指导下，山东省创新战略研究院联合山东省大数据研究会，对853名中国工程院院士按照学科领域分类梳理，形成中国工程院院士产业分析报告，这次研究是贯彻落实推进新旧动能转换重大工程，紧抓招才引智的机遇，根据山东省"十强产业"战略发展，为山东省产业集群建设与院士治理的精准对接合作提供数据支撑。

（五）调查工作与信息化手段结合

将信息化手段应用于调查数据的分析阶段。在山东省重点产业人才发展研究调查项目中，成立大数据分析子课题组，基于AMiner平台对新一代信息技术、高端装备、新能源新材料、智慧海洋、医养健康、绿色化工、现代高效农业七大产业的人才进行统计，根据学（协）会提出的产业热点和焦点领域，对全球学者数据中属于该领域的中国学者进行抽取，整理出每个产业方向Top1000学者名单及其主要研究方向，并给出产业Top1000学者人才分布、各省H-index水平、山东省内的Top1000学者迁徙情况、Top1000学者关系网络、Top1000学者兴趣领域等内容。通过采用大数据分析技术，直观地呈现出重点产业研究领域山东省人才情况、省内产业发展现状、产业人才流动情况、产业内研究的热点和难点等，给出国内产业相关领域Top1000专家，为省委省政府全面提升产业竞争力、招才引智提供有力的参考。在"山东省青年科技人才成长状况调查及对策研究"课题中，利用大数据分析技术，对青年科技人才的成长规律进行分析，探讨青年科技人才成长的各个阶段的特征和主要影响因素，构建区域青年科技人才竞争力评价指标体系。运用模糊评判法，对不同区域的青年科技人才竞争力的优劣进行归纳分析，通过对比分析，对全省青年科技人才竞争力现状进行科学合理的评价，为人才政策的制定提供理论依据。

山东省科协积极开展调查数据库的建设，信息化手段成为科技工作者打造交流沟通的新平台、排忧解难的新途径、建言献策的新渠道，是满足科协事业发展需求的有效手段，为未来开展不同层次、不同领域科技工作者状况调查工作奠定数据库基础。山东省科协整合学会、企业科协、高校科协的科技创新资源，推进了科技人才、学术资源、科普资源、智库成果、科协基础库等数据库的建设，实现科协数据资源的集中汇聚、分类存储、跨部门共享。山东省科协正在开展的"智慧科协"建设，是以资源汇聚、工作协同、精准服务和创新交流为一体，推进资源数字化、工作便捷化、服务精准化、管理智慧化，推动形成网上网下相互促进、有机融合的科协工作格局；建设框架是围绕科技工作者群体这"一体"，科协组织和学（协）会组成"智慧科协"的"两翼"，以精准服务、智慧检索、智能分析作为其"三大引擎"，"智慧科协"建设中以人才资源库、智库成果库、学术资源库、科普资源库、基础资源库等"五大资源库"为依托（图2-4）。"智慧科协"建成后，达到一站通览、一站查询，业务协同、流程再造，智能服务、精准供给，共治共享、融合开放，实现业务流程再造，履行科协"四服务"的职能，建成网上科技工作者之家。"智慧科协"建设中，密织数据网，科协历史数据、活动填报数据、业务系统数据、共享交换数据、网络爬取数据等数据来源，经过数据清洗、数据过滤、数据分类等数据处理方法，形成人才资源库、智库成果库、学术资源库、科普数据库、基础资源库五大科协特色数据库（图2-5）。以各类数据库为基础，从科技人才基本信息、工作及教育信息、兼职情况、研究成果、奖励荣誉、参与活动等方面对科技人才进行画像，为今后开展省内科技人才地图，各领域科技人才流动情况、各市科技人才对比情况、智库人才分布、学术人才构成及分布、科普人才数量及活跃度等研究工作奠定了强大的数据基础。

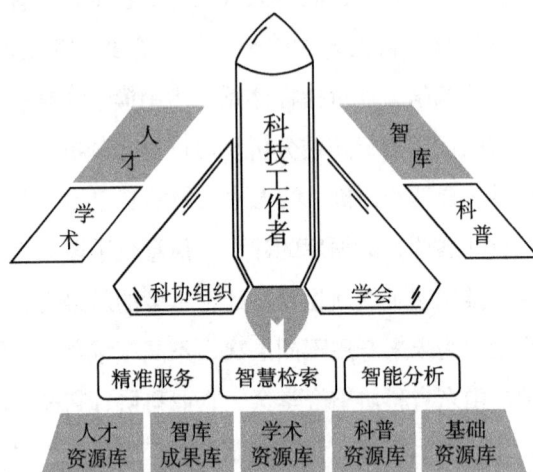

图2-4　科技工作者数据库结构

（来源：山东省科协信息中心）

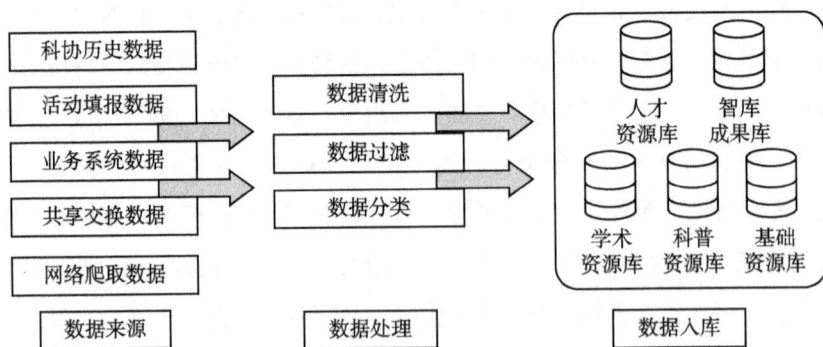

图2-5　数据库数据处理

（来源：山东省科协信息中心）

四、面临的挑战

（一）站点建设面临挑战

调查站点积极性有待加强。调查工作在站点单位内部的重视度不够，一般没有领导直接负责科协科技工作者状况调查；调查组织过程中，协调统筹工作多依靠站点负责人的个人关系。调查站点负责人，很多为单位一线科研人员或科技管理人员，其岗位和职位限制了其调查工作中组织协调作用的发挥；站点所在单位，对站点经费没有明确的财务定位，对站点运行经费的支出使用没有明确的规章制度，经费管理松紧不一，合理的调查经费无法使用，影响站点工作人员的积极性。

抽样的科学性受到挑战。科技工作者情况调查过程中，有的调查单位的名单由科研处或人事处掌握，部分站点负责人不能直接拿到本单位科技工作者名单或相关材料。这部分站点的负责人接到调查任务后，大多将任务转交至科研处或人事处，调查对象的抽样工作由科研处或人事处负责但上述部门对科技工作者状况调查工作流程和要求的了解程度不高，增加了科学抽样的不确定性。

科技工作者状况调查站点布局仍需完善。特定领域科技工作者状况调查工作开展的前提，是需要找到调查对象分布比较密集的组织和单位。目前，站点的布局着重在科技工作者聚集的单位上，按照所在单位性质分类，如高等学校、科研院所、地方科协等。但这样的站点布局，做细分领域或不同层次的科技工作者状况调查就难以满足调查需要。例如，从山东省内科技工作者状况调查站点类型分布看，科技型企业站点虽然数量不少，但尚未充分考虑到其产业分布，在进行相关产业科技工作者状况调查时，仅依靠省内企业类型调查站点，调查研究工作的组织和推进就比较困难；县科协类站点开展调查的过程中，抽样对象多为本单位以及下属单位的科技管理人员，面向地县区域内科技型企业抽样很少；园区类站点可以抽取到来自辖区内科技型企业的调查样本，但园区类站点目前山东省只有1个，数量比较少；省内学会类站点，多挂靠在高校或科研院所，在调查抽样时，大多数情况下面向单位内部人员，会员企业中一线的科技工作者情况很难掌握。

调查站点上报的信息质量需要提高。站点上报信息受站点信息员关注内容、分析思路、社会交往面、研究领域等方面的限制，容易出现内容固化、思维定式等问题。站点上报信息如果成为只反映站点负责人和站点信息员意见建议的平台，那么其在舆情监测和研究价值不大。站点信息撰写者多为自然科学领域研究背景，缺乏调研报告、咨询报告等写作经验，报送的信息内容不典型、给出的解决方法操作性欠佳。站点信息会采用单位内部征集或向科技工作者约稿的形式，但缺乏激励，对科技工作者反映的信息没有后续反馈，站点所在单位的科技工作者报送信息的积极性不高。

（二）调查方式存在局限

科技工作者状况调查有网上自填和调查员集中指导填答的两种形式。自填问卷调查实施过程中，调查者与被调查者不直接见面，回答问题不要求署名，虽然保证了调查过程的间接性和匿名性，但调查过程质量控制力度不足；调查数据完全依靠被调查者的自我报告，被调查者在填写问卷时自主填答，填答质量无法有效保证。调查员集中指导填答对问卷填答质量有比较强的监控力度，问卷回收率较高，保证调查对象正确理解问题，但组织成本较高，对站点负责人的组织协调能力要求较高。

（三）对调查数据分析研究不足

调查设计基本按照中国科协相关调查进行，调查问卷设计中少有贴近山东省实情的问题，调查没有充分体现区域特色；科技工作者状况调查研究的深度不够，多数研究报告停留在经验论证和数字描述上，缺乏相应的理论来源和背景，与理论的结合不紧密，影响了调查研究的学术价值。科技工作者调查研究以课题委托的形式进行，一般研究时间在半年到一年之间，课题研究时间仅够课题组开展科技工作者问卷调查、分析所得数据、形成描述性报告等环节的工作，调查研究没有嵌入到人才相关模型构建、评价指标体系和实证分析中；同时，工作缺乏后续跟踪研究，没有长期关注、深耕多年的研究领域，形成的决策咨询建议科学性、说服力和针对性不强。

（四）调查数据库建设困难

调查数据库建设是调查数据保存的重要保障。山东省历次科技工作者状况面上调查和专项调查的相关调查数据没有得到妥善的、统一的保存，导致调查原始数据缺失。由于专项调查均采用课题委托形式开展，课题结题后一般仅留存研究报告，缺乏调查原始数据统一保存的意识。

山东省科协掌握了本省各层次科技人才信息，但还没有形成一定规模的样本量。在目前掌握的科技工作者数据库的基础上，开展特定领域、不同层次的科技工作者研究难度较大。数据库资源建设不足，数据收集缺乏总体规划和标准，科技人才数据库、课题项目数据缺乏实时性、完整性和统一性的来源，是省科协调查数据库建设面临的主要问题。

（五）调查成果宣传不充分

科技工作者状况调查和专项调查的成果形式，多以调查报告、结题报告和相关论文为主，调查成果利用不充分，缺乏从中挖掘提炼出符合省情的、贴合省委省政府关切和需求的决策咨询报告。另外，调查成果出版数量，调查成果宣传力度，调查成果宣传载体等方面也面临挑战。

五、工作质量提升建议

（一）加强科技工作者状况调查顶层设计

加强山东省科技工作者状况调查工作的顶层设计，参照中国科协科技工作者状况调查工作的标准和做法，形成适合本省开展的长效机制，根据调研内容和目标群体的特点采用灵活有效的调查模式。

科技工作者状况调查的研究目的，是全面、客观、准确地调查了解科技工作者群体的基本状况、思想动态、权益保障、流动情况、职业发展等领域出现的新情况和新问题，并将科技工作者对社会发展、科技进步过程中的热点、难点问题的意见建议，准确反映到党委政府及有关部门。根据调查的内容，山东省科协科技工作者状况调查应将继续分为面上调查和专项调查两种类型。面上调查的形式和内容按照中国科协全国科技工作者状况调查的标准和要求，每5年组织1次，掌握山东省科技工作者队伍的基本情况，并发现群体变化动态趋势，时间安排在全国科技工作者状况调查的次年进行。专项调查主要围绕山东省社会发展热点和科技工作者面临的突出问题开展，聚焦亟待解决的科技人才相关问题，响应省委省政府需求。山东省科技工作者专项调查频次不固定，以调研课题的形式开展。

按照科技工作者状况调查研究成果的用途，调查也可分为3种类型：起基础数据支撑作用的研究、丰富知识体系的理论研究、为党委政府决策咨询服务的智库研究。不同类型的科技工作者状况调查在项目设计、机构合作、专家选用、站点组织、数据分析、成果呈现、宣传推广等环节都应突出成果导向。

全省科技工作者状况面上调查，如此大规模的长期调查科技工作者情况的工作，山东省内仅有省科协开展，科技工作者面上调查所得的数据是相关研究、文件起草、政策制定等方面参考的必要统计数据。作为基础数据支撑的调查研究，通常是反映全省范围内的科技工作者工作经历与现状、科研活动与成果、职业发展与工作环境、学习活动与需求、生活状态、对国家相关政策的认知与评价、参与公共事务意愿、对科协系统的认知与参与等信息，所得数据描述省内科技工作者的群体的基本情况。作为省内科技工作者数据的重要来源，省科协应在面上调查项目中积极与调查经验丰富的单位机构开展积极合作，科学部署调查站点，做到覆盖省内各市、基本涵盖各类科技工作者分布密集的单位，保证调查数据的严谨性和可靠性。

对于旨在丰富知识体系的理论研究，科技工作者状况调查检验相关假说和理论的实证方法，研究的目的是建立和完善相关学科的体系。在这类调研中，应加强与理论水平过硬、研究经验丰富的学术机构和专家合作，严格遵守学术研究的一般过程，有明确的证实和证伪的逻辑，研究重点在于论证观点和分析结论。

为党委政府决策咨询服务的智库研究，面对的定向的问题和需求，以解决现实性的科技领域相关问题，支撑或影响科技领域政策和规划的制定实施，此类科技工作者状况调查一般为专项调查，旨在反映某项政策、某个地区或者某个领域的科技工作者情况、认知和面临的问题，研究重点是在反映情况、表现问题并快速高效地给出科学、合理的解决方案。开展智库研究过程中，应加强与需求单位的联系，积极与省统计局、省科技厅等掌握相关数据的单位开展合作。同时，对重点研究内容进行持续跟踪，做好数据采集、管理和比较分析，为科技政策、人才政策的制定，提供数据资源和专业支撑。

（二）构建多方共同参与的调查渠道

山东省科协科技工作者状况调查站点除现有的高等学校、大中型企业、科研院所、园区、大型医疗卫生机构、学（协）会、地县科协、中学等外，为保证调查对象的覆盖面更广，提升调查质量，还需在均衡站点种类、省内地域配置、站点建设质量等方面进行提升，从而在科技工作者状况调查中形成畅通稳定、适应不同调查需求的渠道。

根据中国科协要求，定期对国家级科技工作者状况调查站点，按照种类和相应的占比进行轮换调整，适当扩大国家级科技工作者状况调查站点的数量，保障全国科技工作者状况调查工作中，山东调查数据的准确性。对于省内每5年进行1次的科技工作者面上调查，除了省内60家科技工作者状况调查站点以外，支持市县级科协建设长期稳定的调查站点体系，将调查任务下放至有条件的市县科协，由各市县科协分头组织开展调查。省科协在保持省级调查站点规模的基础上，参照国家级调查站点类型的比例，合理配置省级科技工作者状况调查站点。

拓宽调查渠道，积极联合科协学会部、人才部等相关部门，统筹基层科协组织的资源，调动其参与科技工作者调查的积极性。组织高校科协、企业科协和学（协）会以项目的形式，加入到调查工作中来。鼓励未设调查站点的基层科协组织，积极报送舆情信息，拓宽信息收集渠道来源。开展科技工作者相关调查时，形成省内调查站点、高校科协、企业科协和学（协）会等多方共同参与的局面。

（三）变"调查站"为"服务站"

调查站点的定位，是调查渠道和反映意见建议的通道，主动服务科技工作者的功能规划和服务种类项目的设计相对比较欠缺。调查站点应转变职能，作为科协沟通联系科技工作者的工作站和服务站，成为"建家交友"的载体，建立科技工作者保持稳定联系的便利渠道和有效模式。

促进调查站点之间的学术交流和业务互动，变"调查站"为"服务站"，为科技工作者建家交友搭好平台。在调查站点所在单位角度上看，其内部有比较成熟的管理体系和业务流程，科协组织涉及的相关业务都有专职的工作组人员和专门的部门组织开展，例如学术委员会、科研管理部门、人事部门、研发部门、社团联络部门等，均可以在其单位内部有效运作。所以，省科协调查站点的服务功能，应充分考虑到科协组织广泛联系科技工作者的这一特点和优势，为调查站点所在单位之间的学术交流和业务合作搭建服务平台。使科技工作者状况调查站点作为有效的抓手，加大对科协基层组织的指导力度，建设全省科协基层组织网，拓宽基层一线科技工作者联系渠道，使其更多地了解科协组织、认同科协工作、参与科协活动。努力做到只要有科技工作者的地方就有科协组织，不断扩展科协组织的网络体系。

（四）重视数据库建设

目前的科技工作者状况调查站点规模，还无法满足开展分层次、分领域科技工作者状况调查研究的需要，有了人才数据库的依托，就有了针对不同人才的抽样框，为调查研究开展奠定了基础。

另外，科协组织和所属学（协）会在学术、智库、科普的工作中产生大量的数据，同时在服务广大科技工作者的过程中也会有大量的信息进行交互和分享，数据流汇聚成库，可以形成学会会员数据库、智库高端人才库、科技奖励获得者数据库、科普人才库、调研课题项目数据库、咨询专家库等丰富的数据库资源，具有重要的分析研究价值。人才库建设不仅方便人才资源的分类管理和开发应用，其本身也有重要的研究价值。鼓励有条件的学（协）会，整合和梳理会员数据，按照一定的规范标准建设学术领域和相关行业的人才库，并与科协信息系统打通并资源共享，为开展特定领域、不同产业的科技人才状况调查研究打下人才库基础，建协会学会与科协一体化的资源共享信息系统。利用科技奖项获得者数据库、智库高端人才库、咨询专家库等人才库数据，从中抽出科技人才信息，分析人才现状、学术成长特征、影响因素，开展不同层次、不同年龄的科技工作者研究。有了数据库的依托，为科技工作者的相关调查研究奠定了基础。"智慧科协"的建设也是数据库建设的一个重要途径。"智慧科协"旨在为科技工作者打造交流沟通的新平台、排忧解难的新途径、建言献策的新渠道。"智慧科协"建成科技人才、学术资源、科普资源、智库成果、科协基础库等五大数据库，实现省科协数据的集中、分类、存储、研究和共享。

（五）充分利用站点信息开展调查研究

加强对站点上报信息的分析研究。高校、科研院所和学（协）会是科技工作者较为密集的单位，科技工作者参与专业领域研究、参加相关课题项目的过程中，获得的研究成果和形成的研究报告，内容有紧贴时事、关涉科技战略的，研究重要部署后社会反响和贯彻执行效果的，急事、要事、难事的，以及对相关领域预测、预判的，可以鼓励以智库报告的形式作为站点信息上报，并择优选编至《院士专家建议直通车》，为党委政府科学决策服务。

为及时动态地掌握不同区域、单位、领域的科技工作者状况，了解当前科技工作者的科研活动、职业发展、生活待遇、管理状况及观念态度等方面的新情况，2017—2018年，山东省科协共收到60个调查站点上报信息574份。基于扎根理论，利用词频分析软件NVivo进行分析得到科技工作者关注热点词汇（图2-6）。

图 2-6　利用分析软件形成的 2017—2018 年山东省调查站点上报信息热词词频

（六）加大调查成果的宣传力度

科技工作者状况调查成果，在于用数据描述科技工作者形象，表现科技工作者面临的问题，反映科技工作者的心声，对调查成果的宣传重点也将围绕数据进行。但受众对数据的感知及记忆能力要弱于图片和故事，怎样将调查数据可视化和故事化，将成果传达的内容更易于理解和感知，将受众带入特定的场景或者与调查环境产生关联，数据以叙述的方式呈现，使调查成果更易于记忆和认知，这一转化过程是科技工作者状况调查成果宣传的难点。

做好调查成果的可视化和故事化。成果可视化，除了需要调查统计背景知识外，还需要有一定认知、信息传达、可视分析等专业的理论基础，同时可以熟练运用支持数据可视化功能的软件呈现对比、发散、整合等分析方法，直观表现调查过程、数据产生、分析过程和结论生成的过程，将调查工作更加生动立体，将受众带入相应的场景。宣传中，要尝试多种可视化方式，通过流程图、关系图、气泡图、时间轴和散点、数据与地图结合的交互地图等图表形式，使数据变为信息，更加直观易懂。要与媒体智库进行深入的合作，一方面借助其媒体传播渠道，另一方面通过合作提升数据性成果宣传的质量。

目前省科协对科技工作者状况调查成果的宣传，多是在科协系统内报纸杂志、门户网站、微信公众号上进行报道，宣传文字和配图基本摘自研究报告，以新闻稿的形式，简要报告科技工作者状况相关调查结果，内容和形式对读者的吸引力不大。针对以上问题，可以探索将调查成果宣传与课题项目考核结合，明确非涉密的科技工作者状况相关调查项目结题的宣传任务，促进宣传工作的规范化、制度化。要加大调查成果的宣传力度，与主流媒体、科技领域热度较高的新媒体开展合作，拓宽宣传渠道，定时向公众发布研究成果和科界声音。针对受众群体的特点，积极挖掘科技工作者调查成果，在学术交流、服务决策、公众科普、贴近生活等角度开展宣传，一项科技工作者状况调查成果，可以有多种宣传视角的报道材料，分别发布在相应媒体平台上，精准找到新闻的受众人群。

（七）加强调查统计人才队伍建设，培养智库研究型人才

加强调查人员的培训工作。省科协和市县科协应注重培养既熟悉科协系统业务，又可以熟练使用社会调查方法开展科技人才、科技政策等领域的调查研究的复合型人才。在"小中心、大外围"的调查研究队伍站牢"小中心"的位置，牢牢把握研究方向，才能产生长期的、稳定的和能解决实际问题的调查研究成果。

形成系统的培训内容体系。以往对调查人员的培训，主要集中在抽样原理、抽样方法、调查对象的组织等方面，因培训对象是科技工作者和科技管理者，而非具备社会学背景的专业人员，对科技工作者状况调查项目没有整体的认知和把握。省级科协组织和地市科协相关负责人员在科技工作者状况调查工作中起到的作用，局限于组织、协调和敦促站点开展工作，成为布置调查任务的"传声筒"，在本地去开展科技工作者状况相关调查时，只能将调查研究的主导权交由其他合作团队。所以，在调查业务培训上，应加强调查项目设计、问卷设计、抽样技术、调查组织技巧、数据收集、数据清理、数据分析及报告撰写等培训，使负责调查工作的人员，能够从整体上把握科技工作者状况调查。

加强与数据分析领域的专家合作。调查数据的分析需要具备分析能力的研究力量。科技工作者状况调查开展时间长，积累了大量数据，是丰富的研究资源，具有很高的研究价值。以往的调查数据，除了做时间序列的纵向比较外，往往不做他用。要积极与数据分析领域专家及其团队合作，利用软件工具对调查内容进行提取、整合、处理和分析，在数据分析专家的技术支持下，挖掘出大量信息并具备研究或者转化的价值，不断拓展科技工作者状况调查的研究思路、丰富研究成果、提升利用价值。

重视智库研究型人才的培养。做好智库研究型人才建设，形成跨领域、分层次的智库研究队伍，使研究重心下移，让科技工作者状况调查成果，更好地反映现状、服务决策、辅助评估。智库研究是一种服务型研究，主要围绕决策部门展开，需要快速响应，所得的研究成果能够"精准供给"以解决实际问题。智库研究型人才既具备专业素养和研究方法基础，又能以问题意识为导向，还能将学术语言转换为适合决策者思维、易于理解的风格。科协系统现有的专职研究人员中，主要以从事理论研究为主，履行科协系统"四服务"中"为党委政府科学决策服务"时，因研究领域、学术资源、研究习惯、术语表达等因素所限，容易出现决策需求与研究成果的"供需错位"问题。要提高研究人员的智库研究水平，一方面，智库型研究人才对决策部门关注的问题开展调查研究，不代表智库研究人员要跨界研究。任何一个研究人员都无法把握混沌无序混合体中所有事物的全面特征、运行机制和管理方式，更不要说提出一系列、一揽子的针对性解决方法。智库研究是研究工作的种类之一，与学术研究一样，追求专业和积累。智库型研究人才一定要根据本地发展的切实需求，选取一个或几个特定的方面，一种或几种代表性问题开展长期的跟踪研究，只有研究深得下去，才能保证研究的质量和专业性，智库研究成果才经得起事实的检验。另一方面，要转换思维，将学术语言转换为与符合决策者思维、易于理解的写作风格，成为知识的生产者和转化者，及时提供党委政府需求的政策建议。

附 山东省科协相关工作文件

山东省国家级科技工作者状况调查站点管理细则
（2015 年 4 月修订）

第一章 总 则

第一条 为加强我省国家级科技工作者状况调查站点（以下简称调查站点）工作，实现调查站点管理的规范化和制度化，依据《中国科协科技工作者状况调查站点考核评估办法（试行）》，特制定本细则。

第二条 设立调查站点的主要目的是，切实履行科协作为党和政府联系科技工作者的桥梁和纽带职责，通过规范、固定的调查平台建设，开展科技工作者常态化调查与专项调查工作，及时、准确地了解和掌握科技工作者的思想状况、需求、意见和建议，维护科技工作者合法权益，在科技工作者与党和政府之间建立畅通稳定的沟通渠道。

第三条 本细则为我省国家级调查站点管理依据，各有关单位和人员应认真遵守。

第二章 管理机构及职能

第四条 国家级站点按照统一管理、分工负责的原则开展工作。

第五条 山东省国家级站点的主管部门是省科协调宣部和省科协学会服务中心（以下称主管部门）。省科协调宣部负责全省调查站点的总体规划和协调工作；省科协学会服务中心负责站点的日常管理和指导工作。主管部门的主要职责是：制定国家级调查站点发展规划，确定调查站点的数量及分布，开展调查站点年度调整；组织调查站点工作人员培训；部署、督促调查站点年度工作任务；汇总和分析调查站点上报材料和数据；考核评估、激励调查站点工作；按期拨付调查站点工作经费；不定期发布调查站点工作动态等。

第六条 调查站点要依照工作要求，按计划进度和质量要求完成工作任务。主要职责是：完成问卷调查，包括样本的抽取、问卷发放和回收、跟踪表的填写等；定期上报有关科技工作者动态信息或意见、建议；发现问题或有重要情况及时上报；完成临时交办的任务等。

调查站点要确定专门部门承担工作任务，指定专人具体负责此项工作。

第七条 国家级调查站点通过中国科协科技工作者状况调查平台（中国科协官网首页右侧工作平台一栏中）上报信息、接收通知、反馈情况；可通过网上在线交流平台 QQ 群与省科协进行信息交流、工作汇报、通知下载、情况反馈等。

第三章 运行机制

第八条 建立完善的调查站点培训机制。根据每年的调查任务，定期对调查站点工作人员进行系统培训，明确调查要求、内容与重点。

第九条 调查站点工作人员应相对稳定，如遇人员调整等因素对工作产生影响，应及时上报主管部门，并采取措施保证工作的正常开展。

第十条 调查站点应及时查阅下发的有关通知，保持信息畅通，及时做出回复和沟通工作情况。

第十一条 调查站点应建立严格完善的管理制度，确保上报信息内容准确、真实、及时，不可向无关人员泄露调查系统的相关资料。

第四章 调查站点工作人员

第十二条 调查站点工作人员要具备较强的事业心和责任感，热心为科技工作者服务。

第十三条 调查站点工作人员要了解党和国家有关人才和科技工作的方针政策，经常深入科技工作者中间，倾听科技工作者意见呼声，与科技工作者交朋友。

第十四条 调查站点工作人员要坚持求真务实，敢于反映真实情况，不回避矛盾，不隐瞒事实。

第十五条 调查站点工作人员应当掌握调查研究工作基本方法，具有一定的分析能力和文字能力，掌握问卷调查的基本技能，熟练应用计算机等现代办公设备。

第五章 考核评估

第十六条 主管部门每年对国家级调查站点进行综合考核，按照考核成绩对调查站点和个人给予通报表扬和绩效经费资助。

第十七条　对各调查站点的考核评估实行百分制。即基本分为 100 分，根据考核要素的达标与否，相应进行加减分。

第十八条　考核要素：

（一）上报信息。每年度上报有效信息 4 篇为基本数量。每增加 1 篇，加 5 分；每少 1 篇，减 5 分。有效信息超过 30 篇不再计分。其中，每入选《调研动态》1 条，资助 2000 元；入选《调研动态》后获领导批示的，每 1 条资助 5000 元。

在中国科协年度考核中获得优秀级别为 AAA 的资助 2000 元，级别为 AA 的资助 1500 元，级别为 A 的资助 1000 元。

（二）问卷调查。能够及时完成问卷调查任务，问卷回收率不低于 85%（含 85%）的，每次加 5 分；低于 85% 的，每次减 5 分。问卷调查完成质量良好，不合格率不高于 5% 的，每次加 5 分；高于 5%（含 5%）的，每次减 5 分。以上比率按中国科协调宣部委托相关组织提供的数据为准。

（三）其他任务。根据工作需要，由主管部门组织参加的相关培训班或其他重要活动，按照要求每认真完成 1 次的，加 2 分；不能按要求完成的，每 1 次减 2 分。

各调查站点承担由主管部门委托或安排的有关任务，视情况相应计加分数。

第十九条　对调查站点的考核为定期考核。考核区间为本年度的 1 月 1 日至本年度的 12 月 31 日。

第二十条　各调查站点的得分情况，主管部门每年公布一次。

第二十一条　对有以下情况的调查站点，将给予撤销，且五年内不再重新设为调查站点。

（一）不能正常履行调查站点职责或不能按时按要求完成工作任务的。

（二）违反规定，泄露调查系统信息和资料，或报送虚假、失实信息，给我省工作造成不良影响的。

（三）人事、机构变动过大，无法继续承担正常工作任务的。

（四）年度考核分数低于 90 分的。

第六章　经费保障

第二十二条　国家级调查站点的经费包括基本运行经费和绩效考核经费，每个站点平均 1 万元。

第二十三条　调查站点的基本运行经费为每个站点 5000 元，用于各调查站点正常工作开展。基本运行经费年初直接拨付站点所在单位。各调查站点要严格按照有关要求，确保专款专用。

第二十四条　调查站点的绩效考核经费为每个站点平均 5000 元，用于支持站点工作人员。绩效考核经费不下拨到站点所在单位，由主管部门进行包干使用、以奖代补。根据年度考核结果，按照工作量、信息入选情况和考核得分，全部用于支持站点工作人员。

第七章　附　则

第二十五条　本细则由省科协调宣部负责解释。

第二十六条　本细则自发布之日起实施，2014 年出台的《山东省全国科技工作者状况调查站点管理细则》同时废止。

山东省科技工作者状况调查站点年度工作考评标准
（2017 年 6 月修订）

为表彰先进、树立榜样，鼓励调查站点更好地开展科技工作者状况调查工作，提高服务广大科技工作者的水平和能力，参照中国科协调查站点考核方案，修订我省调查站点年度工作考评标准如下：

一、调查站点考评计分标准

考核区间为本年度 1 月 1 日至本年度 12 月 31 日。考核内容包括上报信息、问卷调查和参加相关会议等情况。

1.上报信息：完成年度报送 4 篇有效信息任务，计 100 分。按季度报送有效信息加 20 分。未完成有效信息报送任务的，当年考核总分计 0 分。报送 4 篇有效信息以上的，每增加 1 篇加 10 分，总量达 20 篇以上，不再累计加分；

无效信息不计分。站点信息获山东省科协采用刊发，每篇加30分；获中国科协或同级别单位采用刊发的，每篇加40分；中国科协或同级别单位刊发后获得领导批示的，再加50分。

2. 问卷调查：承担综合调查每次计100分，承担专项调查每次计60分。有效完成问卷调查基本任务量，计满分；有效完成问卷调查基本任务量的85%（含85%）以上者，按完成比例计分；有效完成问卷调查数量未达到85%的，该次问卷调查不计分。

3. 参加会议：参加年度全国、山东省调查站点工作相关培训、会议，每次计20分。

4. 以上三项得分合计为年度调查站点总分。

二、"优秀调查站点"评选标准

省级站点：按照调查站点考评计分标准，总分数排在前4名的省级站点，获得当年度"优秀调查站点"称号。

国家级站点：当年度被中国科协评为优秀全国调查站点的，自动认定获得山东省"优秀调查站点"称号。

三、"优秀信息员"评选标准

省级站点：按照调查站点考评计分标准，总分数及报送有效信息总量排名中上，且完成有效信息4篇及以上，同时被省科协刊发2篇及以上，或同时至少1篇获得省级以上主要领导批示的，站点有推荐当年度"优秀信息员"的资格。符合条件的站点有1名推选名额。

国家级站点：当年度被中国科协评为优秀信息员的个人，自动认定获得山东省"优秀信息员"称号。

四、"优秀调查员"评选标准

省级站点：按照调查站点考评计分标准，总分数排名中上，当年调查总完成率为100%的，站点有推荐当年度"优秀调查员"的资格。符合条件的站点有1名推选名额。

国家级站点：当年度被中国科协评为优秀调查员的个人，自动认定获得山东省"优秀调查员"称号。

五、补助标准

1. 对获得"优秀调查站点"的省级站点，各发放工作补助 1600 元，并于次年度拨付站点主要负责人。工作补助须用于站点工作人员的激励、业务培训等，不得挤占挪用。

2. 对获得"优秀信息员""优秀调查员"的省级站点人员，各发放工作补助 800 元，并于次年度拨付本人。

3. 对获得中国科协工作补助的国家级站点及人员，省科协只颁发证书，不再重复发放补助。

4. 对未能完成信息报送基本任务的，视为不合格，年度考核得分为 0 分，对站点给予警告且不予发放绩效考核经费。

第三章

山西省科技工作者状况调查工作机制

山西省科协是中国特色新型智库建设试点单位，是中国科协国家级科技思想库建设试点单位，近年来山西省科协在中国科协指导下，在山西省委省政府领导下，开展了一系列卓有成效的智库建设工作。密切联系科技工作者是科协组织的核心职责与使命，开展科技工作者状况调查是科技创新智库的基础工作，也是智库建设的重要内容，山西省科协在开展科技工作者状况调查方面，围绕调查模式与机制进行了一些探索，努力做到点面结合、重点突出、充分反映科技工作者的心声，搭建一条党和政府联系科技工作者的"高速公路"。

一、调查工作机制

近年来，山西省科协认真履行职责和使命，积极构建新型智库体系，建立健全智库制度，努力运作，完善管理模式，探索出了一系列管理经验。

（一）制订《山西科协高水平科技创新智库建设"十三五"规划》

为落实中共中央办公厅和国务院办公厅《关于加强中国特色新型智库建设的意见》《科协系统深化改革实施方案》《中国科协高水平科技创新智库"十三五"规划》、山西省委省政府《关于加强山西新型智库建设的实施意见》、山西省科协事业发展十三五规划，山西省科协全面推进山西科协高水平科技创新智库建设，制订了《山西科协高水平科技创新智库建设"十三五"规划》，明确智库建设的原则、目标和重点任务，奠定开展科技工作者调查的扎实基础。

（二）成立山西省科协决策咨询专门委员会，健全科技工作者调查体制

山西省科协认真贯彻《山西科协高水平科技创新智库建设"十三五"规划》精神，根据《中国科协章程》和《山西省科协实施中国科协章程细则》，在山西省科协第八届常委会下设了山西省科协决策咨询专门委员会。委员会主任由中国工程院院士、太原理工大学校长担任，副主任由省科协分管副主席担任，委员会成员由有关单位成员组成。山西省科协决策咨询专门委员会承担工作：研究制定委员会工作规划、计划；指导科协的决策咨询工作，对科技、经济和社会发展中的重大问题进行科学论证和提出建议；引导科技工作者对科技活动进行深层次的人文思考，加强科技工作者与社会科学工作者的交流合作，促进自然科学与社会科学共同发展；加强对科技工作者的思想政治引领，引导科技工作者深入实践创新驱动发展战略，为建设创新型省份做出贡献；指导科协系统的创新文化建设工作，推动形成有利于创新的良好氛围；等等。

（三）加强山西区域全国科技工作者状况调查站点管理

1. 起草《山西省科协科技工作者状况调查站点管理暂行办法》，努力调动全国科技工作者状况调查站点的积极性

为加强山西区域内全国科技工作者状况调查站点的设立和管理工作，实现站点设立和管理的规范化、制度化，激活调查员队伍，山西省科协于2015年起草了《山西省科协科技工作者状况调查站点管理暂行办法》，该办法再次明确调查站点按照统一管理、分工负责的原则开展工作。山西省科协宣调部负责山西省区域内全国调查站点的设立、管理、协调和指导工作。调查站点直接履行调查任务，按计划进度和质量要求完成调查任务，报送站点信息、建议，宣传优秀科技工作者。该办法规定：国家级调查站点完成中国科协和省科协布置的以问卷调查为主的调查任务；每季度向中国科协上报一次站点信息。调查员

要具备事业心和责任感，热心为科技工作者服务。调查员要了解党和国家有关科技和科技工作者的方针政策，经常深入科技工作者中间，倾听科技工作者意见呼声，与科技工作者交朋友。调查员要坚持求真务实，敢于反映真实情况，不能回避矛盾，报喜不报忧。调查员应当掌握调查研究工作基本方法，具有一定的分析能力和文字能力，掌握问卷调查的基本技能，熟练应用计算机等现代办公设备和网络平台。

《山西省科协科技工作者状况调查站点管理暂行办法》中针对考核和激励制定了相应要求：每年年底由宣调部对所有调查站点进行综合考核评比，对获优秀站点及优秀调查员的给予表彰和激励。对考核评比结果进行通报。对存在所列情况的站点给予通报批评：①连续两个季度没有上报站点信息。②不能按时、保质、保量完成调查任务及相关工作。③违反规定，泄露科协要求保密的信息和资料。

《山西省科协科技工作者状况调查站点管理暂行办法》对站点运行经费探索性地提出了管理措施。根据中国科协相关制度，山西省科协按照以奖代补、奖优奖勤，全额用于调查站点的原则，安排中国科协配备的调查站点工作经费。站点工作经费总额的40%拨付调查站点，主要用于差旅费及日常工作经费。其余经费用于对调查站点工作人员完成调查站点工作任务的考核和补贴：按每季度上报一篇有效信息，补贴500元；被中国科协《站点信息》刊发，再补贴300元；如获批示，再补贴300元；全年报送4篇有效信息为基数，超报1篇有效信息补贴200元。完成一次调研任务，补贴站点负责人及调查员、工作人员合计1000元。调查员按时参加培训，全年有效信息4篇以上（含4篇），按时完成调查任务（问卷回收95%以上）的调查站点，被评为调查工作先进单位的，补贴站点负责人及调查员各1000元。被通报批评的站点扣减20%，被撤销的站点不再拨付经费。科协安排调查站点需完成的重点项目则根据工作量和完成情况确定经费额度另行拨付。

2. 多措并举，努力提高《站点信息》撰写水平

《站点信息》是反映基层科技工作者状况的重要资料，是调查站点的重要基础性工作。山西省科协采取多种形式，努力提高全国科技工作者状况调查站点信息报送的水平。一是根据中国科协安排，积极组织山西区域全国科技工作者状况调查站点参加年度站点培训班，认真学习科技政策、科技发展战略动态，掌握站点运行平台使用方法，了解站点信息基本要求，提高业务水平。二是不定期赴各站点调研，通过调研、沟通，进一步介绍站点工作的意义、目的、日常主要工作内容，现场指导站点信息搜集角度和编写方式。三是召开区域站点工作会议，组织与会调查员汇报工作，交流站点信息撰写和报送经验。

（四）在各市设立省级科技工作者状况调查站点

在山西区域设立 15 个全国科技工作者状况调查站点的基础上，根据《山西省科协高水平科技创新智库建设"十三五"规划》和《山西省科协科技工作者状况调查站点管理暂行办法（试行）》要求，山西省科协在全省 11 个市均设立山西省科协省级科技工作者状况调查站点（表 3–1）。工作期限五年。设立省级站点主要围绕当地经济结构主要特征，在当地具有代表性、科技工作者相对密集的单位设立，希望各省级站点积极报送站点信息，认真组织完成有关调查，准确反映当地科技工作者在实施创新驱动发展战略、服务山西资源型地区转型发展中在工作、生活、学习、思想、社会参与等领域存在的困难及有关建议，及时反映所在行业的发展现状、存在问题和建议。

表 3–1　山西省省级科技工作者状况调查站点

序号	所在区域	名　　称
1	太原	太原重型机械制造有限责任公司
2	大同	同煤集团
3	朔州	山西晋坤矿产品有限责任公司
4	忻州	忻州经济开发区
5	晋中	山西农谷管理委员会
6	吕梁	山西吕梁大数据局
7	阳泉	阳煤华越机械制造公司
8	临汾	山西飞虹微纳米光电公司
9	运城	山西运城农业职业技术学院
10	长治	山西唯美诺科技创新园
11	晋城	晋城华洋工贸公司

（五）开展智库试点，强化科技工作者调查队伍

根据《山西省科协关于进一步加强科技创新智库建设的意见》精神，为更好地履行科协职责，践行科协使命，更好地发挥科协智库的作用，积极服务党政部门科学决策，促进山西省改变经济发展方式、实现资源型地区经济转型，山西省科协在全省科协系统内组织开展了智库试点工作。

根据申报，经研究，在吕梁科协等单位设立省科协首批科技创新智库试点（表3-2）。智库试点将成为山西省科协智库体系的重要组成部分，要求各试点单位进一步完善智库工作体制机制，丰富智库工作方式，提高决策咨询水平，推动智库成果转化，有效服务当地党委政府科学决策。

表3-2　山西省科协智库试点单位

序　号	名　　称
1	晋中科协
2	吕梁科协
3	忻州科协
4	山西大学
5	山西经济管理干部学院
6	山西省机械工程学会
7	润民环保集团公司

（六）成立晋科智库联盟，汇聚调查成果

为团结联系山西省各有关单位，围绕山西省委省政府中心工作，瞄准前沿，针对热点、焦点、难点问题，开展专题调查研究、汇聚智慧，更好地服务党委政府科学决策，省科协邀请相关单位，共同组建晋科智库联盟（表3-3）。

联盟成员单位将共同围绕省委省政府中心工作，开展专题调查研究；定期举行交流活动，提高联盟各成员单位业务水平；共享研究成果，发展山西智库事业；共同组织开展好智库联盟的各项活动。

表 3-3 晋科智库联盟成员单位

序　号	名　　　称
1	山西省科学技术协会
2	山西省社会科学院（山西省政府经济研究中心）能源研究所
3	中国科学院山西煤炭化学研究所
4	太原理工大学大数据学院
5	太原理工大学材料科学与工程学院
6	山西大学生物医学研究院
7	山西农业大学软件学院
8	太原重型机械集团有限责任公司
9	山西新农村发展研究中心
10	山西农业大学"三农"服务中心
11	山西农谷生物科技研究院

（七）建立山西省科技工作者状况面上调查工作机制

山西省是内陆欠发达地区，是国家重要能源和资源基地，为我国经济的腾飞做出了巨大贡献，但长期以来也形成"一煤独大、一股独大"的经济结构，更重要的是造成人才尤其是科技工作者数量的严重短缺，科技工作者类型不丰富，是山西省转型创新发展的主要瓶颈之一。

山西省科学技术协会是山西省科技工作者的群众组织，是省委省政府联系科技工作者的桥梁和纽带，是推动山西科技事业发展的重要力量，是全省科技工作者之家。为认真履行好科协工作的职责，准确掌握全省广大科技工作者的基本状况，了解科技工作者的基本诉求，为党委、政府提供准确的信息，为各部门及广大科技工作者提供优质服务，更好地服务山西的转型和高质量发展，山西省科协建立了科技工作者面上调查制度。2013 年和 2014 年山西省科协开展了山西省首次科技工作者状况调查，在全国范围来看，是开展比较早的，并且取得了很好的成绩，时任省委书记、省长、分管副省长均作了重要批示，并在调查的基础上山西省出台了《山西省优化学术环境的指导意见》，彰显了科协的作用。同时，山西省晋中市、运城市、晋城市也已开展了市级的科技工作者调查。其他市，比如太原市、忻州市、朔州市、临汾市、吕梁市已把开展科技工作者调查列入工作计划中。

下面重点介绍此次科技工作者状况调查的基本情况。

1. 调查对象和内容

首次科技工作者状况调查的对象是山西省境内的科技工作者，即在自然科学领域，掌握相关专业的系统知识，从事科学技术研究、开发、传播、推广、应用，以及专门从事科技管理等方面工作的人员。范围包括研究与开发机构、高等院校、医疗卫生机构、企业和其他各类事业单位。按专业技术资格的职称系列划分，主要包括工程技术人员、卫生技术（医、药、护、技）人员、农业技术人员、自然科学研究人员和实验技术人员、高校教师，以及中学、中专和技校的自然科学类教师。

通过调查掌握我省科技工作者的总量数据和地域结构、性别结构、学历结构、知识结构、分布结构等情况，了解我省科技工作者的个人基本情况、思想状况、就业形式、工作情况、生活状况、科研活动、科研成果、学术交流、业务方向、教育进修、人文环境、工作环境、社会参与、价值观念、流动趋势等。

2. 调查原则和基础条件

基于社会研究理论，为保证山西省科技工作者状况调查方法的科学性、工作的可行性、结果的客观性，通过调查得到具有代表性、整体性和可靠性的观测数据，调查采用分层抽样，同时考虑不同地区科技工作者（含体制外）数量和科技发展水平等影响因素。本次调查以问卷调查为主，现场座谈、访谈等为辅。

调查站点分两大类：第一类为机构站点，包括科研机构、大中型工业企业、高校、医疗卫生机构，每一个站点就是一个工作单位（最终样本从该单位内部科技工作者中直接抽取）；第二类是学会站点和科协站点，指设在省级学会和市（县）级科协的站点〔最终样本需要从学会会员中或市（县）辖区范围内、符合条件的科技工作者中抽取〕。

为提高调查实施的效率和可靠性，首次调查以中国科协和山西省科协分布在全省的 27 个科技工作者状况调查站点和临时站点为调查执行单位（以下统称调查站点）。调查站点的选择遵循科学性和可行性原则，注重"点""面"结合，面向基层，扩大覆盖面，依据科技工作者在全省的现实分布调查情况，再结合各地实际工作的能力和条件最后确定调查站点，做到能够客观、全面、准确反映出全省科技工作者的实际状况。

3. 样本分配

首次调查的抽样可视为二阶或多阶抽样。根据最后确定的调查站点和科技工作者在各个行业、领域和区域的分布情况进行分层配额。根据我省科技人力资源总量、首次调查的性质和抽样理论，结合以往若干次全国科技工作者状况调查的经验，综合考虑经济性、调查实施的可行性，以及调查实施中通常会存在一部分由于各种原因造成的无应答等情况，同时考虑到既要满足估算全省科技工作者状况，又要满足在一定精度范围内估算某一类型机构科技工作者状况的需要，初步把总样本量定为 6000 个。

根据科技工作者实际分布状况和站点总数及总样本量（6000 个），确定每个站点的样本量。具体实施时，在总量控制的基础上，根据科研机构、大中型工业企业、高校、医疗卫生机构这四类机构每个站点的具体情况适当调整样本量。而市（县）级科协站点包括该辖区范围内的所有科技工作者，分布的行业和领域比较广泛，从数量上来讲相对较多。为更好地代表该区域内科技工作者的实际情况，分配给县级科协每个站点的样本量要略多于其他四类站点的样本量。学会站点样本量视学科情况而定。

4. 组织实施

（1）预研。认真研究山西省目前科技工作者总体规模和层次、现有人力资源结构，判断山西省未来对科技人才的需求状况；梳理近年来国家和山西省内的科技人才政策；厘清山西省科技发展的现状、存在问题，对各地的科技发展水平进行分析。

（2）问卷设计和试调查。在中国科协第三次《全国科技工作者状况调查问卷》的基础上，结合山西省转型跨越发展战略，补充山西省在经济建设与社会发展中需要了解和掌握的科技问题、人才问题等，问卷设计采用分模块设计，便于在问卷印刷、组织实施等方面既与全国调查衔接又能满足山西的特别需要。根据我们的实际情况，此项工作部分委托有能力的第三方承担。

（3）抽样设计。根据对全省科技工作者（含体制外的）人数规模、分布状况、结构和各地科技发展水平的初步调查和研究，结合现有调查站点的分布，按"点""面"结合的工作原则（既突出重点关注群体，又全面覆盖基层各类群体），以及科学性与可行性相结合的设计要求，研究提出本次调查的执行单位（含现有站点和临时站点）类型和数量，并分别确定每个站点应分配的样本量；同时确定适合的抽样方法。调查站点设置中，"点"主要指科研机构、大型企业、高校等机构类站点，"面"主要指学会（最终落实在会员上）和县级科协组织（最终落实在机构上）等区域类站点。此项工作委托有能力和经验的第三方完成。

（4）调查员培训及问卷发放、填答和回收。组织所有调查站点的负责人／调查员进行集中培训，重点是科技工作者的抽取方法和问卷调查的注意事项。组织问卷发放、填答和回收。

（5）数据处理和统计分析。审核问卷，汇总调查数据（录入、处理、分析、纠错等），形成数据报告并为课题组提供后续深入分析的统计支撑。此项工作委托第三方完成。

（6）研究并撰写报告、专报。基于调查数据统计分析的基础，撰写研究报告。研究报告要准确反映山西省科技工作者在个人基本情况、思想状况、就业形式、工作情况、生活状况、科研活动、科研成果、学术交流、业务方向、教育进修、人文环境、工作环境、社会参与、价值观念、流动趋势等方面出现的新变化新问题，及时反映科技工作者的现实需求和利益关切。专报要针对调查中发现的问题撰写，要求建议有针对性和可操作性。专报可分为若干篇。此项工作部分委托第三方完成。

课题研究组审定专报后以科技思想库建设等形式报送山西省委省政府及有关部门。带有全局性的问题报中国科协。

5.调查工作成果

调查工作结束后，在调查数据统计分析、研究报告及去除敏感信息后专报的基础上编辑出版《山西省科技工作者状况调查报告（2013年）》蓝皮书。同时以山西省科协党组的名义就山西省科技工作者基本状况上报山西省委主要领导。

山西省首次开展科技工作者状况调查，在全国科协系统中也是较早进行省级调查的省科协，是山西省科协发展史上的一件大事，得到了中国科协有关领导、山西省委省政府领导的肯定。调查成果对加强科技人力资源建设工作也起到较好地促进作用。

通过本次调查，我们发现设立临时调查站点是完成首次科技工作者面上调查的较重要的环节之一。通过分析全省科技工作者的基本分布，按照统计学理论设立一个调查系统，进一步组织各级科协组织通过设置在全省相关单位的各临时站点发放问卷、组织座谈会，开展调查，是科协组织"接长手臂"的一个体现。虽然调查结束后，临时站点任务即已完成，但也培养了一支调查队伍，为今后开展相关活动奠定了好的基础。

（八）围绕中心服务大局，组织开展专项调查类课题研究

山西省科协每年根据重点工作安排，依据《山西省科协高水平科技创新智库建设"十三五"规划》及《山西省科协调研课题管理办法》，为努力发挥山西省科协新型科技创新智库作用，动员组织广大科技工作者围绕山西省"三大目标"建设，打造山西转型发展新优势新动力新形象深入调查研究、积极建言献策，面向社会开展课题招标，并发布年度科技创新智库建设研究课题指南。课题面向山西省内具有独立法人资格的高等院校、科研机构、企事业单位和社会团体。

根据《山西省科协调研课题管理办法》，调查课题要经过公开招标、党组审定、开题指导、中期评估、结题评估验收等多个环节。在组织开展调查课题研究的基础上，近年来共编辑和报送专报50余篇。

根据山西省委有关精神，为服务各地高质量发展建言献策，山西省科协印

发《关于征集各市科协服务当地高质量发展选题的通知》，组织动员各市科协拟定调查题目，在山西省科协的配合下，积极开展决策咨询活动。为保证决策咨询服务的精准性，提高针对性，山西省科协宣调部组织有关单位，根据选题要求，邀请和组织省内外专家学者开展针对性地实地调查、专题研究等决策咨询活动，服务各地高质量发展。这种方式也有利于带动各市科协开展相应的调查工作，提高科协系统的科技工作者调查水平。

为发挥两院院士在科技工作者调查工作中的作用，山西省科协充分利用举办山西省科协年会的契机，邀请两院院士围绕山西省科协年会举办地的经济结构和产业发展需求开展前期调查，并召开党政领导与院士专家座谈会（长治、晋城），服务科学决策。2018 年、2019 年山西省科协年会分别在山西省长治市、晋城市举行，长治市是传统工业城市，晋城市是典型的"一煤独大"城市，在年会举办前邀请有关院士开展调研的基础上，年会期间，在长治市和晋城市分别组织召开了党政领导与院士专家座谈会，分别邀请谢克昌、武强等两院院士参加座谈会。与会院士专家在前期调研的基础上，在座谈会上分别就长治和晋城发展现状、存在问题发言，并就长治市、晋城市下一步提出建议。长治市、晋城市领导及相关部门领导参加座谈会，并向出席座谈会的院士专家针对性地咨询了问题。

（九）开展优秀调研报告遴选，广纳各界智库调查成果

为提升山西省科协系统智库能力，聚集合力，努力打造科技创新智库品牌，积极推进全省科协系统科技创新智库建设，搭建一个开放的平台，引领各省级学会、各市科协、各调查站点等有关单位更好地服务山西省经济高质量转型创新发展，山西省科协开展了优秀调研报告遴选。遴选范围包括各省级学会、各市科协、各调查站点、省科协智库专家围绕我省经济建设、科技创新、社会治理等领域的热点难点焦点问题经调查研究形成的决策咨询类调查研究报告、提案议案等。

山西省科协邀请山西省科协决策咨询专门委员会委员、有关专家对报送的智库成果进行遴选和表彰。通过开展优秀调研报告遴选，扩大了科协科技工作

者调查成果的覆盖范围，有利于更多地掌握科技工作者面上的基本态势，也有助于扩大科协组织的影响力。

（十）举办智库论坛，利用新媒体手段扩大影响力

为促进调查成果转化，更好地服务党政部门科学决策，引领社会思潮，同时也为科技工作者调查人员提供一个交流研讨的平台，山西省科协近年来坚持举办智库论坛，获得社会各界一致的好评。

1. 举办山西省"科技·人才·创新"论坛，发布山西省科技工作者现状调查等报告

为加强公众与科技界对科技、人才政策及创新驱动发展战略的理解，服务党和政府科学决策，推动实施创新驱动发展战略，服务山西省资源型经济转型，奋力谱写新时代中国特色社会主义山西篇章，山西省科协以科技支撑发展、人才服务发展、创新驱动发展为宗旨连续举办五届山西省"科技·人才·创新"。论坛主题分别为："服务科学决策、推动人才创新、促进富民强省""科技创新与民营经济发展""转型升级科技为基""创新引领转型，打造能源革命排头兵"。论坛邀请国家有关部委及我省相关单位、研究机构的领导与专家就科技人力资源建设、科技创新、世界能源革命发展现状、创新创业平台体系建设等主题开展研讨。论坛由主旨报告和专题对话组成。

2. 举办智慧城市建设与资源型地区转型创新发展论坛，同时发布山西省大数据人才现状调查报告

在中国科协支持下，山西省科协于 2018 年举办了智慧城市建设与资源型地区转型创新发展论坛。论坛以"发展数字经济促进创新转型"为主题，具体内容包括：①高峰论坛：邀请各资源型城市领导，计算机领域、人工智能领域、大数据领域的专家、学者、企业家，集众智，汇众谋，为通过建设智慧城市促进资源型城市转型发展发表观点，建言献策，描绘蓝图。系列分论坛：资源型城市数字技术人才培育分论坛、资源型城市数字化转型的产业路径分论坛、资源型城市数字化基础设施建设分论坛、能源革命数字化分论坛、科技促转型分论坛；②智慧城市成果展览等。

3.举办首届晋科智库论坛，发布相关调查课题报告

为认真贯彻党的十九大及十九届二中、三中、四中全会精神和习近平总书记视察山西省的重要讲话精神，聚焦省委省政府中心工作，努力履行科协职责使命，汇聚科技工作者的集体智慧，服务党政部门科学决策，山西省科协于2019年举办了首届晋科智库论坛。

首届晋科智库论坛的主题是：新兴科技助力转型创新。论坛邀请省内外专家、学者、企业家、政府官员等，围绕科技创新、新兴产业发展、能源革命等主题，发表演讲，分享观点，搭建一个社会各方对话交流的开放平台，服务科学决策。

论坛除举行主旨报告、嘉宾对话、成立晋科智库联盟外，还发布了山西省装备制造业相对具备潜力的产品调查研究报告和山西省新材料产业前景研究调查报告、山西省区块链发展现状调查报告。

4.设立晋科智库订阅号，促进科技工作者调查事业发展

数字化是趋势，通过数字化建设进一步可提高调查工作的社会影响力和工作效率。为此山西省科协设立晋科智库订阅号，定期把调查课题成果、征集全社会的优秀调查成果、引用优秀的智库成果上网，促进调查成果的转化，努力服务科学决策，引领社会思潮。同时，晋科智库订阅号的推广，还拉近了与社会各界的距离，增强了亲和力，有助于提升智库工作及调查工作的影响。

二、目前存在问题

（一）调查工作存在地域差异

调查工作对地方科协组织来说，与科学普及工作、学术交流活动相比，还是一个新的工作。在中国科协层面，领导对调查工作的理解到位，有丰富的人力资源，有充足的研究经费，有良好的学术环境，所以调查工作可以得到快速地发展，可以持续开展四次全国科技工作者状况调查、科技人力资源研究等

工作。在地方科协层面，无论是对调查工作的理解还是人力资源、研究经费等，都存在较大差距，调查工作与科学普及、学术交流相比，都不是平衡的关系。

（二）调查工作的调查主题、调查方式需要与时俱进

科技工作者是科协组织团结联系的对象，是科技工作者调查的对象。在不同的时期，随着调查工作的逐步延伸，调查的主题需要不断深入，调查的方式需要不断改变，这也是目前我们开展科技工作者调查面临的新问题。

（三）调查工作的体制需要改革

许多调查工作是通过众多科技工作者状况调查站点来完成的，但要做到10余年来保持站点的活力，也是科技工作者调查面临的一个问题。

三、完善调查工作的思考

基于山西省科协近年来开展科技工作者调查的思考和针对调查开展的专题研究，我们认为，科技工作者调查在当前意义更加重大，需进一步深化改革，发挥更重要的作用。

（一）关于新时期科技工作者调查的模式与机制的思考

1.调查选题应进一步精准和深刻

一是围绕新时期科技工作者关心的问题开展调查。比如职业发展、成果转化、业务提升、待遇。二是结合国家大政方针，比如，欠发达地区的人才流失，人才政策；思想政治引领。三是科研院所、高校、企业的调查选题设计可有所不同。比如科研院所、高校科技工作者和企业科技工作填答的问卷设计问项时应有不同。四是努力保持中立和第三方的研究视角，努力深度挖掘问题背后的原因，是 X 射线而不是探照灯。

2. 扩大调查方式

问卷调查不能成为唯一的方式，而应成为方式之一。除发放电子问卷调查外，还应：一是设立和公布专门用于接收意见、建议的电子邮箱；但关键是要有反馈互动。二是建立一些科技人员交流和反映意见、建议的固定场合。邀请有关政府部门参加，通过这种方式可获得科技工作者的自然流露出的意见和建议。

3. 积极开展主动调查、跟踪调查

要采取灵活的手段开展调查。随着 5G、云、AI 的广泛使用，社会治理方式的数字化正越来越渗透到各个领域，智慧政务正在发挥越来越大的作用，其高效、直观、垂直的特征是社会的进步。科技工作者调查工作也要积极、主动利用互联网技术，通过主动收集网络数据、大数据分析等措施，准确获悉科技工作者在新时期的新动态，了解苗头问题，掌握科技界舆情动态，提出预见性的观点。比如，可利用大数据方式检索以下内容：科技工作者喜欢参加的学术会议主题、科技工作者发表的论文方向、科技工作者举办的沙龙话题、科技工作者在网上关心的热点问题、科技工作者消费方向，等等。主动获得科技工作者在新时代的工作、思想、生活等方面的动态。这些主题反映了科技工作者的关心和重心，对我们做调查有参考价值。

4. 抓好关键点

省市科协是调查工作的关键环节，起着上传下达的作用，应多些关注、关心，应对省市科协党组提出一些要求，比如经费、人员保障，用以支持开展调查工作，并指导开展相关的课题研究，推动机制完善等。

5. 发挥"车头"作用

科技工作者调查工作很重要，是实现成功搭建党和政府联系科技工作者桥梁和纽带的重要举措，但随着国内外形势的变化和技术手段的进步，现在也面临改革创新的需求。要进一步加强中国科协调查工作的组织力量，提高重视度，增强研究力量，增加硬件投入，制定品牌化发展战略，开发更便捷科学的调查方式。

（二）根据调查需求，准确界定群体

目前有关科技人员的定义比较多，比如科技人力资源、科技工作者、R&D人员、科技活动人员等。每个定义的界定范围并不相同，对科协的工作以及科技工作者调查工作带来一些困扰。

在基层，有关领导更多的是关心当地有多少科技人员，他们的具体学科分布、年龄结构、就业行业等，这些都是支撑当地经济发展的基础数据。但科协通常开展的科技工作者状况调查，是抽样调查，主要是针对科技人力资源，是一个宽泛的概念，和党政领导的关注点并不完全一样。

所以，科协组织应当在我们开展的调查中，准确地界定科技工作者的范围，或者提出一个梯度的概念，从具体从事科技工作的人员到科技人力资源，都有相应的调查结论，才能更好地、更直接地发挥科技工作者调查的作用，避免科技与经济两张皮的现象。

（三）落实群团改革精神，赋予调查站点职能，更好地联系服务科技工作者

党的群团改革会议精神明确指出，科协组织要建设枢纽型、平台型、开放型组织，要加强政治性、先进性、群众性。习近平总书记要求：中国科协各级组织要坚持为科技工作者服务、为创新驱动发展服务、为提高全民科学素质服务、为党和政府科学决策服务的职责定位，推动开放型、枢纽型、平台型科协组织建设，接长手臂，扎根基层，团结、引领广大科技工作者积极进军科技创新，组织开展创新争先行动，促进科技繁荣发展，促进科学普及与推广，真正成为党领导下团结联系科技工作者的人民团体，成为科技创新的重要力量。

科技工作者状况调查站点在新时期应拓展职能，逐渐发展为科协的基层组织，不仅是单向收集科技工作者的建议、意见，更应该在科技工作者群体中传播党和国家的有关政策，成为一个双向组织，更多地体现党和政府联系科技工作者桥梁和纽带的作用。

附　山西省科协相关工作文件

山西科协高水平科技创新智库建设"十三五"规划

为落实中办国办《关于加强中国特色新型智库建设的意见》、中办发《科协系统深化改革实施方案》《中国科协高水平科技创新智库"十三五"规划》、山西省委省政府《关于加强山西新型智库建设的实施意见》、山西省科协事业发展十三五规划等精神，全面推进山西科协高水平科技创新智库建设，特制订本规划。

一、创新提升，全面推进高水平科技创新智库建设

"十二五"时期，山西省科协以国家级科技思想库建设为引领，积极推进科技思想库建设试点，动员组织科技工作者围绕省委省政府中心工作开展调查研究，形成一批高质量的研究成果，并配合中国科协开展"大众创业、万众创新"国务院政策评估，在科技界、全社会产生广泛影响。山西科技·人才·创新论坛等活动品牌影响力持续增强，对决策咨询成果的政策工具转化发挥了重要平台作用。

完成"十三五"时期全面建成小康社会的重大目标，实现我省经济转型升级，关键在于发挥创新引领发展的动力作用，发挥人才第一资源的支撑作用。建设高水平科技创新智库，为山西省科协发挥党和政府联系科技工作者桥梁纽带作用，开创科协事业发展的新局面，确定了新的目标。面向"十三五"，山西省科协将牢固树立创新、协调、绿色、开放、共享、廉洁的发展理念，把建设高水平科技创新智库作为事业转型升级的重要支点，把服务党委政府科学决策作为增强政治性、先进性、群众性的重要体现。

二、指导思想、基本原则和主要目标

（一）指导思想

高举中国特色社会主义伟大旗帜，坚持以马列主义、毛泽东思想、邓小平理论、"三个代表"重要思想和科学发展观为指导，全面贯彻党的十八大和

十八届三中、四中、五中全会精神，习近平总书记系列重要讲话精神，落实中央《关于加强中国特色新型智库建设的意见》，坚持按照推动创新、强化服务、拓展提升、开放协同、普惠共享的工作理念，强化学会主体和试点示范，广泛促进上下联动，在释放改革动力中不断强化科协智库发展的系统优势。

（二）基本原则

1.强化政治担当。坚持中国特色群团发展方向，始终围绕党和政府中心工作谋划智库建设主攻方向，把服务党和政府科学决策作为使命担当，立足国情、立足当代，坚守正确导向，严守法律法规，把坚决维护国家利益和人民利益贯穿智库建设全过程，彰显作为新型科技创新智库的特色、风格和气派。

2.突出高端引领。坚持围绕我省发展战略、围绕科技创新前沿、围绕全面深化科技体制改革开展决策咨询，有效汇聚广大科技工作者智慧，服务党委政府科学决策，展现山西科技界的国际视野和战略眼光。坚持以高端人才引领高端智库建设，以先进的理念、一流的团队、崭新的方法提升科协智库建设水平。

3.注重开放协同。坚持开门办智库，主动加强与党政部门沟通联系，争取决策咨询选题，畅通成果报送渠道；积极加强与其他智库的交流合作，大力推进咨询理论、方法、数据、成果的开放共享，以开放促升级，以共享求共进。坚持协同办智库，积极发挥好学会的学科人才优势和基层科协的组织网络优势，集聚跨学科、跨部门、多元化的丰富决策咨询资源，构建覆盖各类创新主体的网络型科技智库结构，为科协高端智库建设汇聚强大合力。

4.坚持人才驱动。强化人才在智库发展中的核心地位，坚持培养和使用相结合，着力培养一批思想敏锐、专业精深、熟悉政策的高端决策咨询人才，积极聚集一批思维活跃、问题感强、富有创新精神的外围专家，打造一支素质优良、结构合理的专业化智库人才团队。

5.创新机制体制。坚持"小中心大外围"原则，创新人才聚集使用机制，坚持以我为主、专兼结合，不求所有、但求所用，充分调动激发各类决策咨询人才的积极性主动性创造性，为科协智库建设提供坚实的人才支撑。

（三）主要目标

到2020年，山西省科协要建成创新引领、国家倚重、社会信任的高水平科技创新智库，为山西转型发展提供决策支撑，成为集中科技界智慧、反映科技界情况的重要渠道和第三方评估的重要力量。

——科技创新智库体系初步形成。要逐步形成以山西省科协创新战略研究院实体智库单位为核心，以7个左右学会（联合体）智库、11个地方科协、50个调查站点为主体，以智库联盟为支撑的智库体系。突出体现科技特色，资源共建共享，跨学科、跨领域、跨单位、跨区域。

——智库管理模式和运行机制基本完善。科协系统智库建设领导体制确立，智库人才培养、聚集、激励机制更加完善，智库成果报送、发布、宣传渠道更加多样，智库建设经费稳定增长，投入机制更加合理多元。

——政策和社会影响力大幅提升。每年推出一批有影响的决策咨询成果，相关建议成为科技界信得过、用得上的决策依据。集中打造一批具有广泛政策和社会影响力的智库活动品牌，有效服务科学决策、引领社会思潮、传播先进理念。

三、重点任务

（一）加强智库基础体系建设

围绕环渤海地区发展纲要及我省煤基产业和非煤产业发展方向，实施1711智库体系建设工程，形成点、线、面有机结合格局，为科协新型智库发挥作用奠定坚实的基础。1个点：建立山西省科协创新战略研究院，在组织、理论、方法等方面为山西科协科技创新智库提供核心引领和关键支撑作用。7个线：围绕我省转型重点7项新兴产业、依托学会（联合体）建立创新研究基地，立足自身学科、专业优势，科学研判发展趋势。11个面：11个市科协均开展智库工作，为调查研究、决策咨询基础数据采集提供重要支持。完善全省科技工作者状况调查站点体系，科技工作者调查站点到2020年要超过50个，及时向科技工作者宣传推送党的路线、方针、政策，准确收集科技界的思想观念、利益表达、工作诉求等动态信息。推动山西省科协绩效评估评价中心承接政府转移职能。同时做实做强山西省科协学会服务中心决策咨询处，为山西省科协新型智库提供重要的人力支撑。成立山西省科协决策咨询委员会和科技创新智库联盟，推动资源互联互通，形成扁平高效、资源共享、有效协同的"小中心大外围"科技创新智库发展格局，提高省科协新型智库在党政部门中的话语权与社会影响力。

（二）加强智库人才队伍建设

聚集智库发展重点方向，跨领域集成国家级及省级学会专家资源，构建智库专家网络。建立健全学术交流成果提炼转化机制，发挥省级学会作为高端人才蓄水池的功能，以重大项目为纽带，广泛凝聚科技、产业的政府专家资源，稳定联系一批专业功底扎实、学术水平精湛、具备战略思维、热心我省发展的高端决策咨询专家。到2020年要建成150人以上的智库专家库。要建立开放的智库人才使用机制，广泛吸引多元学科背景的国内外高层次人才以多种形式参与智库建设。

（三）实施重大问题研究专项

把握当代科技革命和产业变革发展趋势，紧紧围绕我省煤炭化工及新兴产业发展方向，围绕科技人力资源建设、科技生态优化，加强前瞻性、战略性研究、研判。每年凝练提出10个左右重大研究选题，组织精干优势研究力量开展协同攻关，提出具有宽广视野和战略眼光的高质量政策建议，体现山西省科协科技创新智库主动服务省委重大决策的政治担当。

（四）实施重大评估专项

把组织开展第三方科技评估作为科协智库建设的战略重点，坚持委托与自选相结合，每年围绕科技发展环境、战略、规划、政策、人才、项目、基地、制度等的实施效果、社会影响，确定年度评估重点，发挥科协作为独立第三方的独特优势开展战略评估，更好地服务我省科技发展的战略决策。

（五）积极为科技工作者提供政策服务

强化智库的政策服务功能。建立科技政策数据库，及时收集、定期更新、系统整理国家及我省的科技创新与人才政策，实现政策信息共享。加强对政策工具的深入解读，面向不同的科技工作者群体提供咨询服务。提高政策的精准推送能力。加强与新闻媒体的战略合作，依托山西省科技工作者线上协同创新平台、各市科协、科技工作者状况调查站点系统，广泛开展面向科技工作者的政策宣传，提高精准推送能力，解疑释惑，为国家和省科技政策落地提供有效支撑。

（六）持续开展双创活动

在大众创业万众创新评估的基础上，组织开展大众创业万众创新活动，促进我省创新驱动发展战略，推动经济稳增长、扩就业、调结构，引领企业提质增效，转型发展，在全社会营造一个创业创新的生态。每年举行大众创业万众创新成果展示及推广活动，展示我省双创活动中涌现出的代表人物和典型事迹以及为双创活动提供支撑的各类众创空间、企业及公共平台，多角度、宽视野地展示我省双创活动成果。积极宣传双创人物，建设双创资源库，成立双创联盟。

（七）加强智库成果转化平台建设

办好《科学决策参考》《调研动态》等智库专刊，不断提高报送成果的质量，形成科协科技创新智库的标志性成果。精心打造"山西科技·人才·创新论坛"等平台，以开放和前沿为导向，不断提高论坛的开放性和影响力，促进智库成果转化，引领社会新思潮。积极参与立法咨询，从专业角度提出立法咨询建议，主动为科技事业发展提供良好健全的法制环境。着力提升网络宣传推广实效，充分发挥现代网络传播覆盖面广、时效性强、影响力大的优势，加强山西省科协科技工作者线上协同创新平台建设，及时面向社会各界发布山西省科协智库最新重要研究成果，推广宣贯科技政策，提升科协智库的社会影响力和权威性，更好发挥服务科学决策、引领社会思潮、传播先进理念的智库功能。推进智库与媒体的融合，促进科技创新发展与宣传工作的结合，加强对科技界的政治思想引领，回应社会关切，及时反映科技界声音，合作建设新型媒体智库。充分运用现代传播方式，努力建设柔性智库，探索与山西科技传媒集团共同开展智库与媒体融合研究基地建设。

四、条件保障

1.加强组织领导。发挥省科协决策咨询委员会的指导作用。有条件的学会和市级科协要加强智库建设，组建或明确具体承担部门，研究制定本单位高水平科技创新智库建设工作计划和年度计划，将科技创新智库建设工作纳入年度考核范围。

2. 加大投入力度。坚持大联合、大协作的工作机制，强化与科技、财政、民政等政府部门的沟通协调，积极争取党委政府的支持，不断增加财政投入。加强项目顶层设计，发挥财政资金的激励、引导、带动作用。树立大开放、大协同观念，坚持财政投入和市场资源相结合的机制，搭建社会资金参与科协工作的平台，积极探索 PPP 模式，鼓励各方资源共同参与支持科协事业发展。优化智库资源配置，统筹安排科协系统内外的优秀决策咨询资源服务重大问题研究专项实施，每年根据重大研究选题提出预算安排方案，确保研究经费的支持力度和集中使用。

3. 加强合作交流。坚持开放办智库，积极主动与国际国内著名科技创新智库开展合作研究，联合发布具有影响的智库成果。主动加强与国内外智库的联系，开展沟通交流，促进新思潮、新方法、新工具、新数据的交流共享。

山西省科协调研课题管理办法

为进一步规范调查研究课题管理工作，实现课题管理的科学化、规范化、制度化，保证课题研究的顺利实施和经费使用效率，制定本办法。

第一章 立项

第一条 本办法所指的调研课题是有关政策研究类课题、决策咨询项目课题、科技工作者状况调查课题、反映科技界意见和建议的研究课题。

（一）接受党和政府及有关部门的委托，对关系我省经济社会发展以及改革发展稳定和人民群众切身利益的重大问题，从科技角度提出咨询意见和建议；

（二）依据我省科技、经济和社会发展目标，围绕科协"三服务"的工作定位，结合科协工作实际，由山西省科协确定的调研课题；

（三）为政协科协界委员参政议政、建言献策提供支撑的调研课题；

（四）根据经济社会发展需要和科技界的意愿呼声，由科技工作者就普遍关心的热点问题开展专题调研，反映意见和建议的研究课题；

（五）山西省科协所属学会结合学科特点，为经济社会发展建言献策的研究课题；

（六）科技工作者状况调查方面的课题。

第二条　山西省科协每年发布申报"调研课题指南"，可依据"调研课题指南"确定申报课题及项目。

第三条　山西省科协宣调部是调研课题的管理部门。

第二章　申报

第四条　课题主要以公开申报方式确定课题承担单位和课题负责人。根据课题特点，申报可采用公开申报或定向委托两种方式。

第五条　省科协宣调部负责或委托组织实施课题申报和审批工作，发布申报指南，组织评审会议等。

第六条　课题的申报单位为省科协所属省级学会和市级科协。省级学会、市级科协也可作为申报课题的牵头单位与有关党政机关、事业单位、科研院所、高校、企业等单位合作申报。不接受个人直接申报。课题负责人应当在相关研究领域具有较高的学术造诣和具有与课题相关的研究经历；一般情况下，在主持的课题研究未完成时，不得申请主持新的课题。

第七条　课题申报单位依据申报指南正式提交申报申请，填写《山西省科协调研课题申报书》（以下简称《课题申报书》）。宣调部负责组织对课题申报单位和课题负责人进行资格审查，对《课题申报书》进行形式审查和初步遴选。

第三章　审批

第八条　宣调部负责组建评审专家组，组织召开专家评审组会议。评审专家组由相关领域专家和课题单位全权代表组成。

第九条　评审专家负责课题评审，并以会议方式按少数服从多数原则提出推荐意见。必要时，专家评审组可召集课题申报方对申报文件进行说明，由专家对申报方完成课题的能力及其所提方案的可靠性、风险性进行分析评议，并提出独立意见。

第十条　宣调部根据成果需求和评审专家组意见，择优确定课题承担单位，经省科协主管领导批准后，向社会公布评审结果，并通知课题负责人。

第十一条　宣调部组织召开课题开题报告评审会。评审采取集体合议方式，综合考虑研究内容、研究方法、技术路线、研究团队构成、时间进度、经费合理性等因素，做出是否通过开题评审的结论。未通过开题评审者，可于10个工作日内再次申请评审，若再次未通过，则取消课题承担资格。

第十二条 宣调部对通过开题报告的课题承担单位发出研究任务通知。课题承担单位应在接到研究任务通知10个工作日内，与宣调部签定《山西省科协调研课题任务书》(简称《课题任务书》)一式五份作为项目实施、工作检查、结项验收的依据。逾期按自动放弃处理。

第四章 监管

第十三条 宣调部负责研究课题的监管。课题研究原则上应在10个月内完成，如有特殊情况可申请延期，但一般不超过12个月。

第十四条 课题承担单位应将获准资助的课题列入本单位工作计划，保障实施所需的各种条件，督促检查项目实施情况，确保课题研究的顺利进行。

第十五条 课题负责人有义务确保课题研究的时间进度与质量保证，督促加强各子课题间的协调一致，并与宣调部保持经常性联系和沟通，报告进展情况，接受业务指导。课题承担单位如果需要变更实施方案，须提交书面报告，并经宣调部批准后，方可执行。

第十六条 在课题实施过程中，课题承担单位必须参加中期评估会议，向宣调部组成的评估专家组报告研究进展情况，以便确保按预期进度与方向进行。

第十七条 评估专家根据《课题任务书》以及宣调部的要求，对课题进展情况及其对需求目标的响应程度和偏离程度进行分析，提出评估意见；课题负责人按照宣调部要求，根据专家意见，提出调整和修正研究方向、方法和进度的具体措施。中期评估未通过者，可在2个月内再次申请评估。若仍未通过，即中止资助并视情况给予相应处理。

第十八条 课题承担单位或课题负责人在研究过程中，发生严重政治问题、严重学术不端行为、严重合同违约行为等问题，视情况给予警告、减拨或停拨直至追缴课题经费、撤销课题等处分。情况严重的，给予通报批评，并追究其法律责任。

第五章　结项

第十九条　课题承担单位完成课题研究后，应按时提交课题研究总报告及其摘要，并提交《山西省科协调研课题鉴定结项申请书》（简称《鉴定结项申请书》），由宣调部负责组织结项验收会议。

第二十条　验收专家组负责课题成果的评估验收工作。验收专家组由相关领域专家组成，验收专家组根据评估结果确定是否予以结项并提出建议。

第二十一条　在结项验收会后，课题承担单位须根据专家意见，对总报告和专题调研报告做进一步修改完善，在此基础上再提交正式的研究报告文本。

第二十二条　委托咨询课题，由宣调部负责将研究报告送交委托方；主动咨询课题，视内容报送党和政府及有关部门、单位，或通过《科技工作者建议》报送有关党政部门和领导人。正式研究报告经领导审批后，该课题即为结题，宣调部向课题承担单位发出结项通知，并将研究资料整理归档。

第二十三条　未通过结项验收的研究课题，须根据宣调部的要求和验收专家的意见做出修改，并在 3 个月内再次提出结项验收申请。仍未通过验收的，将课题承担者列入不良记录名单，3 年内不再受理其课题申请。

第六章　成果

第二十四条　调研课题的最终成果应为系列研究报告，包括不超过 5000 字的专题调研报告、研究总报告以及相关研究资料等。成果形式须在《课题任务书》中注明。

第二十五条　调研课题结束后，课题承担单位须出具纸质并加盖单位公章的结项报告书，并与课题成果一并在 15 个工作日内送交宣调部。

第二十六条　除合同另有约定外，研究成果的所有权属于山西省科协所有，课题承担单位公开发表研究成果前，须先征得宣调部同意。课题组和研究者享有署名权。

第二十七条　山西省科协结集编印调研课题报告集，或在山西省科协网站和期刊上摘要刊登课题研究报告部分或全部内容。调研课题成果具有对我省经济、社会和科技发展重大问题的建议和对策，省科协以专报形式报送有关省领导及有关部门，为科学决策提供参考。

第二十八条　所有未正式公开的研究内容、数据材料、重要结论，未经许可，不得以任何单位或个人名义对外泄露和公开发布。课题研究中涉及国家机密的，严格按照国家有关密级规定执行。

第七章　经费

第二十九条　课题研究经费来源采取省科协资助、自筹资金以及两种方式相结合。

第三十条　山西省科协资助的课题经费，宣调部与课题承担单位签订《课题任务书》后，分两次拨付经费。签订任务书后即拨付60%经费；中期评审通过后拨付其余40%。质量达不到要求的，将视情况扣减资助经费，并责令限期完成。

第三十一条　课题承担单位未能完成课题研究，或者无法落实所需其他经费而导致课题无法继续执行时，课题承担单位须向宣调部提交书面报告，并退回已拨经费。

第三十二条　省科协资助的课题研究经费应保证专款专用，严格按照有关财务规定使用。

第八章　附则

第三十三条　本办法自发布之日起实施。本办法由山西省科协负责解释。

第三十四条　《山西省科协调研课题申报书》《山西省科协调研课题任务书》《山西省科协调研课题鉴定结项申请书》请从山西科协网下载。网址：www.sxast.cn。

山西省科协智库专家管理办法

为深入贯彻中办关于《科协系统深化改革实施方案》和《中共山西省委山西省人民政府关于加强山西新型智库建设的实施意见》精神，发挥科协系统的组织优势和科技优势，组织科技工作者参与决策咨询活动，把科技工作者的个体智慧凝聚上升为有组织的集体智慧，切实将科协建设成为自身特色鲜明、社会影响广泛，能够满足与科技相关的不同方面的决策咨询需求，决策部门认同的科技创新智库。省科协将聘请有关方面的专家、学者任山西省科协智库决策咨询专家，参与并指导科协开展决策咨询及智库建设工作。为加强管理，制定本管理办法。

一、智库专家的资格

1. 智库专家应是自然科学、社会科学某一学科有较高造诣的专家、学者，政治素质好，政策水平高，熟悉国家的有关政策、法规，有较高的决策咨询工作能力和水平，有参与社会管理的积极性和责任感。

2. 智库专家由省科协、省级学会及有关方面提名，由省科协研究决定聘任。

3. 智库专家可全球选聘。

二、智库专家的主要工作内容

1. 积极参加省科协组织开展的调查研究、决策咨询工作。

2. 积极向省科协建议决策咨询及调研课题题目。

3. 积极承担省科协决策咨询调研课题的研究工作。

4. 参加并指导省科协年度决策咨询调研课题的立项审定工作。

5. 参加省科协决策咨询调研课题开题报告评审、课题研究中期评估、课题结项验收评估等项工作，并提出评估意见和建议。

6. 参加省科协组织开展的调研课题、决策咨询课题成果报告的提炼等项工作，并提出意见和建议。

7. 参与并指导省科协、省级学会、市级科协举办的学术会议形成的有关政策建议成果的提炼工作。

8. 围绕党和政府的中心工作，围绕我省创新驱动转型升级中与科技相关的问题，围绕我省科技发展和应用中的重大问题以及与科技工作者相关的重要问题，深入调查研究，积极建言献策，为党和政府科学决策服务。

三、智库专家的组织管理

1. 省科协宣传调研部负责对智库专家的组织、联系及管理工作。

2. 省科协组织智库专家参加调研、考察、调研课题评审以及决策咨询活动，并对决策咨询专家参加活动的情况进行考核，对工作成绩优异者给予表彰激励。对智库专家工作先进事迹和取得的成果给予宣传。

3.省科协聘任决策咨询专家的聘期为三年。省科协对聘任的智库专家颁发聘任证书，并入选《山西省科协智库专家名录》。智库为动态库，根据需要将逐步扩大、完善。

4.省科协为智库专家建立工作平台，决策咨询专家可以通过工作平台使用省科协调研课题选题库、调研课题成果库、决策咨询资源库等内容。

5.省科协不定期为智库专家寄送有关文件、资料以及调研、决策咨询情况报告等资料。

6.省科协智库专家将接受监督，对违反国家有关法律法规、政策的专家，省科协将及时解聘。

山西省科协科技工作者状况调查站点管理暂行办法
（试　　行）

第一章　总则

第一条　为加强山西省科协科技工作者状况调查站点（以下简称调查站点）设立和管理工作，实现站点设立和管理的规范化、制度化，特制定本办法。

第二条　设立调查站点的主要目的是：切实履行科协作为党和政府联系科技工作者的桥梁和纽带职责，通过规范、固定的调查平台建设，加强与科技工作者的联系，及时、准确地了解和掌握科技工作者的思想、工作、生活、社会参与等状况，反映科技工作者的需求、意见和建议，维护科技工作者合法权益，在科技工作者与党和政府之间建立畅通稳定的沟通渠道。

第三条　本办法为调查站点管理依据，请各有关单位和人员严格遵守。

第二章　管理机构及职能

第四条　调查站点按照统一管理、分工负责的原则开展工作。

第五条　山西省科协宣调部负责省内调查站点的设立、管理、协调和指导工作。主要职责是：

1.按照中国科协在我省区域内设置中国科协科技工作者状况调查站点（以

下简称国家级站点）的结构数量要求，负责确定调查站点单位，并报中国科协核准。组织本区域内全部调查的实施。

2. 制定山西省科协科技工作者状况调查站点（以下简称省级调查站点）总体规划，确定调查站点的数量及分布；确定设立调查站点；安排站点工作任务；汇总和分析站点上报的材料和数据，形成相应报告；建立站点信息系统运行平台；编印科技工作者建议及站点工作报告。

3. 组织调查站点工作人员的培训。

4. 对调查站点工作进行考核、表彰及激励。

第三章　调查站点主要工作任务

第六条　调查站点直接履行调查任务，按计划进度和质量要求完成调查任务，报送科技工作者动态（以下通称站点信息）、建议，宣传优秀科技工作者。主要工作任务是：

1. 国家级调查站点完成中国科协和省科协布置的以问卷调查为主的调查任务；每季度向中国科协上报一次站点信息。

2. 国家级调查站点和省级调查站点完成省科协布置的调查任务；向省科协报送站点信息、科技工作者建议、宣传优秀科技工作者及科技研发成果的稿件等材料；完成临时交办的任务。

第四章　调查员的职责要求

第七条　调查员要具备事业心和责任感，热心为科技工作者服务。

第八条　调查员要了解党和国家有关知识分子和科技工作者的方针政策，经常深入科技工作者中间，倾听科技工作者意见呼声，与科技工作者交朋友。

第九条　调查员要坚持求真务实，敢于反映真实情况，不能回避矛盾，报喜不报忧。

第十条　调查员应当掌握调查研究工作基本方法，具有一定的分析能力和文字能力，掌握问卷调查的基本技能，熟练应用计算机等现代办公设备。

第五章　调查站点的设立

第十一条　中国科协在我省设立的调查站点按照中国科协的要求设立。

第十二条　省级调查站点的设立须遵循以下原则：

1.调整下来的国家级调查站点优先设立为省级调查站点。

2.调查站点主要选择科技工作者比较集中、在我省科技工作者中有较大影响的科研院所、高等院校、大型企业、医卫单位、开发区等。每个市科协将作为省级调查站点。

3.依据科技工作者在各市级区域的分布密度、当地经济发展水平和科技工作者的总量等因素，按比例确定调查站点的数量，并综合考虑不同行业和类型科技工作者对经济社会发展的影响程度等因素。

4.调查站点所在单位原则上应设有科协组织，具备网络通信等基本工作条件；调查站点所在单位要积极支持调查工作，并确定相关部室和人员负责调查站点工作。

第六章 调查站点的运行

第十三条 建立完善的调查站点培训机制。根据当年的调查任务，宣调部定期对调查站点有关人员进行系统培训，明确调查要求、内容与重点等。

第十四条 调查员应相对稳定，如遇人员调整等因素对调查工作产生影响的情况，应及时上报，并采取措施保证调查工作的正常开展。

第十五条 调查站点应及时查阅中国科协和省科协下发的有关通知，保持信息畅通，及时做出回复和汇报工作情况。

第十六条 调查站点应建立严格完善的管理制度，确保上报信息内容及时、准确、真实，遵守保密制度，不可向无关人员告知调查系统的相关资料。

第十七条 调查站点年终要按时上报站点工作总结，并根据调查要求制定下一年站点工作计划。

第十八条 调查站点一经设立，原则上工作年限为五年。对不能完成任务的站点，宣调部保留将其撤销的权利。

第七章 考核评比表彰激励

第十九条 每年年底由宣调部对所有调查站点进行综合考核评比，对评比中获优秀站点及优秀调查员的给予表彰和激励。对考核评比结果进行通报（具体考核评比规则另定）。

第二十条 对存在以下情况的站点，给予通报批评。

1.连续两个季度没有上报站点信息。

2.不能按时、保质、保量完成调查任务及相关工作。

3.违反规定，泄露科协要求保密的信息和资料。

第二十一条　对存在以下情况的站点，给予撤销处理。

1.连续三个季度以上没有上报站点信息。

2.当年的问卷调查数据采集、上报工作没有完成。

3.报送虚假、失实信息。

4.人事、机构变动过大，无法承担调查工作。

第八章　经费管理

第二十二条　国家级调查站点经费由中国科协每年下拨省科协，再按规定转拨给调查站点；省级调查站点经费由省科协下拨调查站点。调查站点经费实行专款专用，单独核算。

第二十三条　省科协按照以奖代补、奖优奖勤，全额用于调查站点的原则，安排中国科协配备的调查站点工作经费。站点工作经费总额的40%拨付调查站点，主要用于差旅费及日常工作经费。其余经费用于对调查站点工作人员完成调查站点工作任务的考核和补贴：①按每季度上报一篇有效信息，补贴500元；被中国科协《站点信息》刊发，再补贴300元；如获批示，再补贴300元；全年报送4篇有效信息为基数，超报1篇有效信息补贴200元。②完成一次调研任务，补贴站点负责人及调查员、工作人员合计1000元。③调查员按时参加培训，全年有效信息4篇以上（含4篇），按时完成调查任务（问卷回收95%以上）的调查站点，被评为调查工作先进单位的，补贴站点负责人及调查员各1000元。

第二十四条　被通报批评的站点扣减20%，被撤销的站点不再拨付经费。科协安排调查站点需完成的重点项目则根据工作量和完成情况确定经费额度另行拨付。

附则

第二十五条　本办法由宣调部负责解释。

第二十六条　本办法自发布之日起实施。

山西省科协省级科技工作者状况调查站点管理办法

第一章　总则

第一条　为进一步推动省科协科技创新智库建设，完善智库工作体系，规范省级科技工作者状况调查站点管理，提高站点运行质量，特制定本管理办法。

第二条　设立省级调查站点的主要目的：认真履行科协作为党和政府联系科技工作者的桥梁和纽带职责，通过规范、固定的调查平台建设，加强与科技工作者的联系，及时、准确地了解和掌握科技工作者的思想、工作、生活、社会参与等状况，反映科技工作者的需求、意见和建议，维护科技工作者合法权益，在科技工作者与党和政府之间建立畅通稳定的沟通渠道。

第三条　本办法为省科协省级科技工作者状况调查站点管理依据，请各有关单位和人员严格遵守。

第二章　省级调查站点设立原则

第四条　调查站点主要选择科技工作者比较集中、在我省科技工作者中有较大影响的科研院所、高等院校、企业、医卫单位、开发区等。

第五条　每个市设立省级调查站点时，原则上要依据所在市的产业结构特征等来选择。

第六条　设立期限原则上为5年。优秀省级站点可优先晋升为国家级科技工作者状况调查站点。

第三章　省级调查站点的运行

第七条　设立省级站点的单位应配备有专人负责站点的日常工作，站点工作人员应相对稳定，并提供基本条件保证调查站点工作的正常开展。

第八条　调查员应积极撰写并报送反映科技工作者意见、建议的站点信息，配合省市科协完成有关工作。

第九条　当地市科协为省级站点的日常管理单位，应及时保持与省级站点的沟通与联系，为站点工作努力提供支持。

第四章　省级调查站点的管理

第十条　省科协为省级科技工作者状况调查站点授牌。

第十一条　省科协在工作中努力为省级站点提供培训、学习、经验交流的机会，并为站点寄送有关的文件、《调研动态》《科学决策参考》等智库类材料。

第十二条　省科协优先采纳和刊发省级站点优秀的站点信息与建议。

第十三条　省科协将根据省级站点报送信息、建议等的工作情况，给予站点工作人员表彰与激励。

第十四条　鼓励和支持各省级站点申报省科协决策咨询课题。

第十五条　对长期确实无法承担调查站点工作的站点，将撤销其省级站点资格。

第五章　附则

第十六条　本办法由宣调部负责解释。

第十七条　本办法自发布之日起实施。

山西省科协科技创新智库试点单位管理办法

第一章　总则

第一条　为进一步推动省科协科技创新智库建设，完善智库工作体系，规范省科协科技创新智库试点单位管理，提高运行质量，特制定本管理办法。

第二条　设立省科协科技创新智库试点的主要目的：认真履行科协作为党和政府联系科技工作者的桥梁和纽带职责，反映科技工作者的意见、建议和诉求，积极开展相关课题研究，努力发挥推动我省科技事业发展重要力量的作用，为服务党委政府科学决策提供重要的支撑。

第三条　本办法为省科协科技创新智库试点工作管理依据，请各有关单位和人员严格遵守。

第二章　省科协科技创新智库试点设立原则

第四条　省科协科技创新智库试点主要选择科技工作者比较集中、在我省科技工作者中有较大影响的科研院所、高等院校、企业、医卫单位、开发区等。

第五条 智库试点单位应具备一定的科技、人才等领域课题研究能力。

第六条 设立期限原则上为5年。

第三章 省科协科技创新智库试点的运行

第七条 设立省科协科技创新智库试点的单位应配备有专人负责日常工作，工作人员应相对稳定，并提供基本条件保证智库试点工作的正常开展。

第八条 智库试点单位应围绕科技创新、人力资源建设、产业预测等领域，积极组织开展课题研究，撰写研究报告和专报，为党委政府科学决策提供重要的支撑。应积极撰写并报送反映科技工作者意见、建议的站点信息。应配合省科协完成有关工作。

第四章 省科协科技创新智库试点的管理

第九条 省科协为省科协科技创新智库试点单位授牌。

第十条 省科协在工作中努力为省科协科技创新智库试点单位提供培训、学习、经验交流的机会，并为试点单位寄送有关的文件、《调研动态》《科学决策参考》等智库类材料。

第十一条 省科协优先采纳和刊发省科协科技创新智库试点单位报送的优秀研究报告、专报与科技工作者建议。

第十二条 省科协将根据省科协科技创新智库试点单位研究报告、专报、建议等的报送情况，给予智库试点单位工作人员表彰与激励。

第十三条 鼓励和支持省科协科技创新智库试点单位申报省科协决策咨询课题。

第十四条 对长期确实无法承担省科协科技创新智库试点工作的单位，将撤销其试点资格。

第五章 附则

第十五条 本办法由宣调部负责解释。

第十六条 本办法自发布之日起实施。

山西省科协 2014—2019 年组织开展的调查课题

年份	课题名称
2014	科普信息化研究
	山西省引进人才作用调查研究
	科学家引领科学教师专业成长模式的研究
	通过科普场馆展教活动建设科学精神的研究与实践
	山西省疾病预防控制人力资源现状研究
2015	山西省科技人才断层研究
	山西省水体环境污染现状及防治对策
	我省企业创新型人才政策研究
	山西省大学生创业就业状况调查
	山西省科技人才政策效果分析及与其他省的比较研究
	山西省自然生态状况调查
	山西省科技型企业家现状调查
	科技社团助力科技型中小微企业创新发展研究
	新时期企业科技工作者知识更新途径研究
	园区科协组织助力科技型中小微企业创新发展研究
	基于太原国家级高新技术产业开发区内创业者的大众创新、万众创业政策评估
	基于太原经济技术开发区、民营经济开发区、不锈钢园区内创业者的大众创新、万众创业政策评估
	山西省科技成果转化现状调研
	山西省科技成果转化现状调研支撑研究（医药领域、农业技术领域）
2016	医务工作者从事科普工作的方法与途径研究
	"互联网 +"与我省创新创业发展新业态研究
	集中我省科技人力资源服务山西转型升级的路径研究
	调动科技人员参加科普工作积极性的体制机制研究
	山西省物联网产业技术发展及应用分析预测
	基于区域科技创新战略的山西省科技协同创新路径研究
	我省科技与金融结合的现状调查及对策研究
	山西省高端装备制造业创新体系建设研究

续表

年份	课题名称
2016	山西省学术环境评估监测研究
	信息领域智力资源驱动山西产业转型升级的对策研究
	互联网＋在医改中应用现状调研及促进医疗资源公平配置对策研究
	引导全民健身锻炼防御慢性疾病的可行性研究
2017	山西省大数据产业人才现状调研
	山西省专利权保护现状调查
	山西省技术转移服务调查研究
	借力京津冀一体化促进山西综改转型发展研究
	"两微一端"在我省科技界舆论把控中的作用研究
	深化改革充分发挥科技期刊在服务科技创新中的作用
	黄河金三角地区科技创新协同发展研究
	加强旅游品牌建设　保护山西生态文明　服务经济发展
	我省科技助力精准扶贫现状评估
	山西省科协系统新媒体宣传平台体系构建研究
	重庆两江新区的发展路径研究及对山西双创策略的影响
	区域科技创新金融政策研究——以重庆两江新区为例
2018	能源革命排头兵的突破点研究——发展绿色高载能产业，破解我省电力发展瓶颈
	山西省新能源运行及综合能源系统发展应用研究
	能源革命排头兵的突破点研究
	山西装备制造业相对具备发展潜力技术的研究
	山西省新材料研究发展现状及应用转化前景研究
	杂粮功能农产品品牌化发展战略研究
	利用山西杂粮优势，开发功能食品的发展思路与建议
	发挥农业科技信息及人才优势，助力乡村振兴的对策研究——以山西为例
	以乡村e站为中心的农村科普信息化平台助力乡村振兴
	深化改革，通过事业留人，实现对外开放新局面的举措研究
	我国十八大以来科技创新成就梳理与研究
2019	推进山西高质量转型发展的科技支撑研究

续表

年份	课题名称
2019	山西省外离地创新主体建设风险及对策研究
	基于山西融入京津冀协同发展的资源型经济高质量转型研究
	我省国企转型发展新动能培育现状调研
	加强知识产权公共服务　助力全省转型综改——以版权为例
	山西省智能制造产业现状、发展趋势及策略研究
	中医历代药酒文献挖掘整理与应用研究
	中医药酒文献数据化研究
	山西省人才投入统计研究
	产业技术创新联盟在成果转化中的作用机理及对策研究
	山西省战略性新兴产业集群发展研究
	山西省大数据产业人才流动现状调查
	智慧城市建设趋势下高职创新型人才培养体系的研究——以智慧建筑土建专业为例
	"互联网+"医疗背景下患者满意度及认识态度的调研
	我省国企转型发展新动能培育现状调研
	创新食品安全共治共建共享体系
	"互联网+"医疗背景下患者满意度数据评价系统的探索研究
	科技工作者状况调查工作机制和模式研究

第四章
北京市科技工作者状况调查站点体系建设

北京市科技工作者调查站点是全国第一批建立起来的站点。为进一步发挥科技工作者状况调查站点作用，积极反映一线科技工作者的意见、呼声和建议，围绕首都社会发展，尤其是科技发展中的重大问题以及事关科技工作者发展的切身问题，本部分以北京市科技工作者状况调查站点（简称"站点"）体系为重点研究对象，全面系统梳理摸清北京科技工作者状况调查站点现状，探索总结北京市调查站点运行管理、动态调整、激励机制等方面的经验和做法，分析北京市调查站点体系在建设和发展过程中遇到的问题、挑战与机遇，明确新形势下站点功能定位与发展需求，并提出推动调查站点建设的对策建议。

一、站点体系建设概况

2005 年 7 月，根据中国科协《关于设立科技工作者状况调查站点的通知》要求，北京市科协开始建立科技工作者状况调查站点体系，至今已历经了 15 年的发展历程。建立伊始，站点类型主要集中在国家或省部所属科研机构、高等院校、大型企业，只有 9 个。随着这项工作的持续加强，到 2019 年年底，北京市科协已经建立了全国科技工作者状况调查站点 22 个，省级科技工作者状况调查站点 34 个，共计 56 个。形成了覆盖科研院所、高等院校、医疗卫生机构、大中型企业、科技园区、区科协、市学会的两级分层、科学布局、类型广泛的北京市科技工作者状况调查站点体系，能够广泛、直接地联系首都各类科技工作者群体，为开展科技工作者状况调查提供基础支撑和组织保证，在党和政府与科技工作者之间形成了畅通、稳定的双向沟通渠道。

（一）科学设计、规划与管理首都调查站点体系

北京市科技工作者状况调查站点体系的建立与发展是具有充分翔实的科学依据的，具有比较强的科学性、系统性、完整性与可指导性。一方面，北京市科技工作者状况调查站点的建设，包括站点的设立目标与原则、调查站点类型的选择、调查站点的周期性更替均是在中国科协相关精神的指导下，经过反复论证并与相关调研成果相结合，在多年实践工作经验总结的基础上开展并逐步完善起来的。另一方面，为完善和优化北京市科技工作者状况调查站点体系，北京市科协特别设立调研课题，2012 年委托中国科协发展研究中心课题组专门针对北京市科技工作者状况调查站点体系设置和发展进行深入调研，形成了《北京市科技工作者状况调查站点建设方案》。该方案科学系统地阐述了北京市调查站点体系建设的原则与方式方法，是在中国科协指导下、具有北京特色的站点体系建设指导性文件，在北京市站点体系建设中发挥着举足轻重的作用。根据该方案，北京市科协编制了北京市《站点工作手册》，作为各站点工作人员的入门指南。在多年调整完善的基础上，2019 年，北京市科协出台了《北京市科协科技工作者状况调查站点管理办法》，不再使用"暂行"两个字，作为一段时期内调查站点工作的指导性管理办法。

（二）与中国科协同步动态调整北京站点体系

北京市科协根据中国科协调查站点建设与发展调整的要求，结合北京地区实际工作情况，基本与中国科协进行了同步动态调整，大致可分为以下三个阶段。

第一阶段：初步建立期（2005—2006 年）

2005 年 7 月，根据中国科协《关于设立科技工作者状况调查站点的通知》要求，北京市科协设立了包括区县行政区划、国家或省部所属科研机构、国家

或省部所属高等院校、大型企业等在内的 9 个站点。

2006 年，根据北京市科协党组的"设立同样数量的市级站点以利于开展工作"的工作要求，在之前设立的 9 个中国科协站点的基础上，又增加了东城区科协、昌平区科协、朝阳区科协、北京邮电大学科协、燕化集团科协、北京重型电机厂科协、北京医学会、北京老科学技术工作者总会、北京机械工程学会等 9 个站点，作为市级科技工作者状况调查站点。这一阶段共 18 个站点，其中全国站点 9 个，市级站点 9 个。

第二阶段：发展完善期（2007—2015 年）

2007—2009 年，根据中国科协要求，采取分层配额的方法，确保调查站点的分布情况与全国科技工作者的分布基本吻合；撤销所有省级及省级以下学会站点，全国科技工作者调查站点达到了 12 个，省级站点为 6 个，共计 18 个。

2010 年 9 月，根据中国科协《关于增设全国科技工作者状况调查站点的通知》的具体要求，除调整并增加部分原来类型站点外，新增普通中学站点和园区站点两种机构类站点。至此，全国科技工作者调查站点达到了 19 个，省级站点为 6 个，共计 25 个。

2015 年 6 月，根据中国科协的相关要求，进一步增设大中型民营企业的站点比例，省级站点数量有了显著增长，此时全国科技工作者调查站点达到了 22 个，省级站点为 26 个，共计 48 个。

第三阶段：拓展创新期（2016 年至今）

2016 年，根据中国科协的文件精神并结合北京实际情况，增设石景山医院等 3 个省级站点，使省级站点数量达到了 29 个，全国和省级站点数量共计 51 个。

2018 年，北京市科协根据形势发展需要，在中国科协创新战略研究院的直接指导下，将北京市所有 16 个区县科协都纳入了调查站点体系中。截止到 2019 年，北京市科技工作者状况调查站点共设立了 56 个，其中全国站点 22 个，省级站点 34 个，能够广泛、直接地联系各类科技工作者群体，为开展科技工作者状况调查提供基础支撑和组织保证。

中国科协和北京市科协站点数量动态调整变化对比如图 4-1 所示：

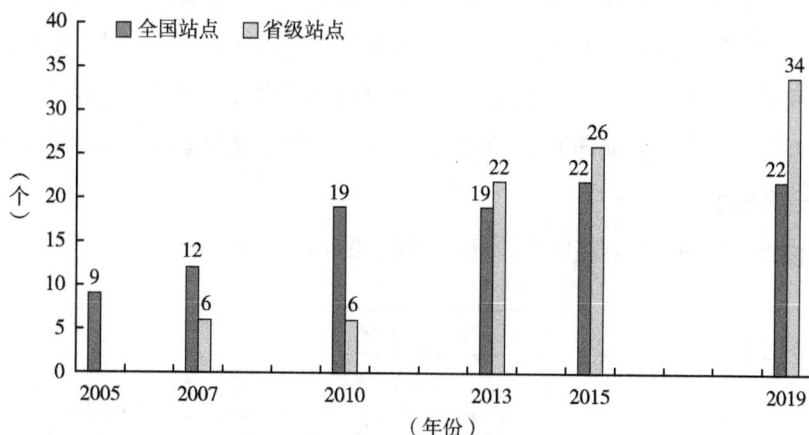

图 4-1　2005—2019 年中国科协和北京科协站点动态调整对比

目前，北京市科协科技工作者状况调查站点工作已经进入新时期，只有及时调整完善、创新开拓站点工作，才能全力服务北京全国科技创新中心建设，服务世界科技强国建设。

二、站点工作机制

（一）组织领导机制

根据中国科协文件要求，目前，北京市科技工作者状况调查站点工作按照两级管理、分工负责的原则开展工作。中国科协调研宣传部主要负责宏观管理和顶层设计，中国科协创新战略研究院负责业务管理和技术支持。各省、自治区、直辖市科协和新疆生产建设兵团科协，以及有关全国学会管理部门，简称为"区域责任部门"，负责组织区域内或全国学会的所有调查站点的日常管理与任务监督工作。就北京市而言，北京市科协既是调查站点工作的"区域责任部门"，也是调查站点工作的领导主体，具体工作由调研宣传部负责。

北京市科协的主要职责是：根据中国科协总体规划确定北京市内的调查站

点，核准调查员人选；负责北京市两级调查站点日常联系和管理；组织北京市调查站点工作人员参加中国科协组织的业务培训和相关活动；督促指导北京市调查站点按时保质保量地完成中国科协布置的问卷调查、信息报送、样本推荐入库和其他调查任务。结合本地实际，完善科协工作者状况调查制度，组织开展调查人员培训，定期开展专题调研活动，建立向上级党委政府报送调研成果的渠道和制度。

科协系统调查站点组织领导机制结构如图4-2所示：

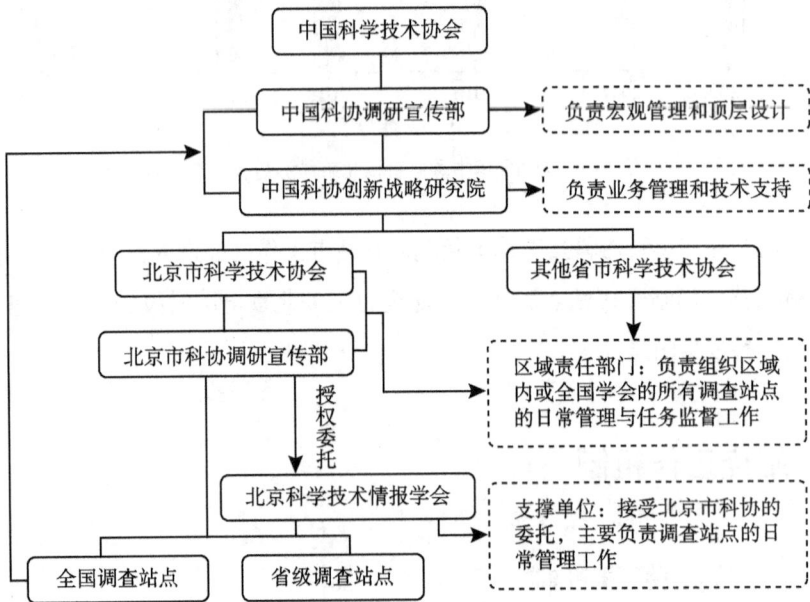

图4-2　科协系统调查站点组织领导机制结构

可以从以上叙述和结构图中直观看出，科协站点调查领导机制基本属于直接垂直领导，这种组织和领导机制有利于迅速开展站点调查工作，有利于及时将广大科技工作者的呼声与建议直接反馈至上级领导机关。具体到北京市而言，北京市科协还肩负着将科技工作者的意见建议直接反馈至市委市政府的责任。

从另一方面看，北京市科技工作者状况调查站点组织领导机制也是典型的"枢纽型"领导机制，一端联系着负责顶层设计与业务管理的中国科协各有关部门，另一端则联系着各个调查站点单位与工作人员，实际上是起到了"承上启下、中枢联动"的作用。所以我们将科技工作者调查站点工作称之为是党和政府联系科技工作者的桥梁和纽带，是科协作为"科技工作者之家"的重要体现，也是新时期科协服务科技工作者的重要阵地。

（二）经费保障机制

中国科协在调查站点工作初始，就明确了每个站点 1 万元的工作经费保障机制。北京市科协从北京市实际出发，从 2007 年开始，每个站点匹配 1 万元的工作经费，实行经费匹配补贴机制。该机制的核心是：在中国科协给全国站点每年拨付站点运行经费 1 万元的同时，北京市科协给予全国站点和省级站点经费匹配补贴至每个站点每年 2 万元。目前北京市有全国调查站点 22 个，每年共计拨付经费 44 万元（含中国科协拨付的 22 万元），省级调查站点 34 个，每年拨付补贴经费 68 万元（全部为北京市科协拨付）。每年北京市科协在科技工作者状况调查站点工作中投入的经费匹配补贴总额达到 90 余万元，具体如图 4-3 所示。

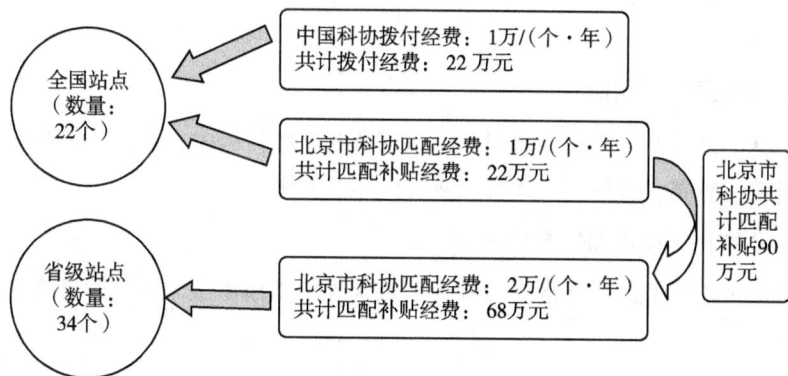

图 4-3　北京市调查站点经费匹配补贴机制示意

对经费使用，2015 年 6 月中国科协出台的《全国科技工作者状况调查站点管理办法》中对于科技工作者状况调查站点工作经费使用做出了明确的规定："一是调查站点工作经费来源于中央财政的专项经费，按照财政部和中国科协有关规定进行预算编制、核定和支付。二是中国科协依据当年度工作计划、各区域责任部门具体指导管理的站点数量以及上年度考评结果，确定当年度站点运行经费总额及区域责任部门管理经费额度，按时足额拨付至各区域责任部门。三是区域责任部门须将站点工作经费用于调查站点工作，包括开展调研、组织问卷调查、信息报送、业务培训、表彰激励等。应遵循'奖勤罚懒、奖优惩劣'原则，可采用以奖代补等方式高效、合理使用经费。各区域责任部门可根据本办法精神及本区域实际情况，制定站点工作经费管理使用细则。"

根据中国科协文件的指导精神，北京市科协出台了《北京市科学技术协会科技工作者状况调查站点管理办法》，明确规定了北京市科技工作者状况调查站点经费管理办法，其中包括经费来源、经费额度、使用范围等具体事宜，使站点单位能合理合法地充分利用站点经费与资源，保障站点工作的良性有序开展。

（三）日常运行机制

北京市科协的调查站点管理工作采取了"区域责任部门 + 支撑单位"共同管理的日常管理模式，由调研宣传部具体负责，北京科学技术情报学会为具体支撑单位。

1. 调研宣传部职责

北京市科协调研宣传部主要负责对设在北京地区的全国站点和市级站点的工作指导、协调、监督、日常管理及考核评估工作。

2. 北京科学技术情报学会职责

北京科学技术情报学会作为调查站点管理的支撑单位，主要职责有以下几个方面：

（1）协助市科协做好站点的设立与动态调整工作。按照 2019 年 1 月 24 日北京市科协印发的《北京市科学技术协会科技工作者状况调查站点管理办法》的要求，全力配合北京市科协做好调查站点的设立与动态调整工作。

（2）明确各调查站点负责人，保障调查站点日常工作开展。北京科学技术情报学会要及时掌握所管理调查站点的承担单位、站点调查员的相关变动情况，做好沟通协调工作，督促各站点明确专/兼职调查员，建立站点管理制度，保障调查站点相关工作的顺利开展。

（3）做好基础信息收集分析，保质保量完成调查站点工作任务。目前调查站点工作任务主要分为两大类，一类是信息上报任务，另一类是调查任务。北京科学技术情报学会要根据中国科协与北京市科协的工作通知要求，迅速反应、积极响应，及时向各调查站点传达相关工作任务，并指导其顺利完成。另外，还要做好基础信息收集与分析工作，对上报的站点信息与调查任务中体现出的信息元素进行提炼、加工、分析，并根据相关材料提炼出有关科技工作者思想动态和科研工作方面的基本特点，将结果以《科技工作者状况调查站点信息专报》简报或建议等形式提供至北京市科协。

（4）协助市科协做好站点经费使用的监督与管理工作。对于站点经费的使用严格按照《北京市科学技术协会科技工作者状况调查站点管理办法》中经费管理的要求执行，并协助市科协对各调查站点经费使用进行监督与指导。

（5）做好培训与指导，完成站点考核工作。在中国科协与北京市科协的统筹与指导下，及时对负责调查站点的科技工作者进行相关业务知识的培训。

按照《北京市科学技术协会科技工作者状况调查站点管理办法》的要求，每年均要对所有调查站点进行年度考评，北京科学技术情报学会要全面负责站点年度考核的统计、评定等工作任务，并将考核结果在每年组织召开的站点工作总结大会上进行通报与表彰。

3. 调查站点工作任务

各调查站点作为科技工作者状况调查站点体系的责任主体，是调查站点工作的直接执行者，它的主要工作任务有以下几个方面：

（1）在调查任务方面，主要有5项工作内容：①按计划进度和质量要求完成中国科协和市科协下达的调查任务，包括问卷调查、网络调查、电话调查及相关信息采集等；②积极反映科技工作者的呼声、意见和建议，每季度上报不少于一篇站点信息，发现问题或有重要情况应及时上报；③密切联系科技工作者，及时了解掌握本地区或本单位科技工作者的基本状况和动态信息；④完成中国科协或市科协临时布置的信息报送和调查任务；⑤广泛开展建家交友活动，做好联系服务科技工作者等工作。

（2）在调查站点运行方面，各站点要指定业务相近的部门承担调查任务，配置若干专职或临时人员承担具体任务，并报至市科协；调查员应相对稳定，如遇人员调整等对调查工作产生影响的情况，应及时与市科协沟通，并采取措施保证调查工作的正常开展。

（3）在建立管理制度方面，各站点要建立完善的管理制度，确保各项任务顺利完成，上报信息内容准确、真实、及时。调查员要妥善保管调查系统的相关资料，禁止向无关人员出示。各站点要积极参加中国科协或市科协组织的相关培训。

（4）在经费使用方面，各站点应按照中国科协和市科协相关文件规定的工作经费的用途、对象安排使用，不得挤占和挪用，不得擅自改变和扩大工作经费的使用范围。与调查站点工作无关的费用，不得在工作经费中列支。

（5）在站点考核方面，各调查站点要认真完成中国科协和市科协布置的工作任务，积极参加市科协对调查站点工作进行的年度综合考核。

三、工作模式与功能

（一）北京市科技工作者状况调查站点工作模式

目前，北京市科技工作者状况调查站点体系已初步打造了两级分层、布局合理、动态调整、规范科学的调查站点网络体系和信息采集渠道，已形成了较为完整的工作组织体系、统计指标体系、调查样本体系和数据采集分析处理体系，具有规模化、体系化、规范化、制度化的特点。总结起来，北京市科技工作者状况调查站点工作模式主要有：

1. 一般调查工作模式

一般调查工作模式主要是针对每年都进行的面上或专项问卷调查研究任务而言。一般调查工作任务主要包括两类：一是区域科技工作者状况综合调查，也称为"面上调查"。主要是与中国科协同步开展的每4～5年开展一次的北京地区科技工作者状况调查，对象覆盖各地区、各行业、各种类型的科技工作者，调查主题包含科技工作者的工作、生活、学习和思想状况等多个方面。二是专项调查，每年开展若干项，涉及的对象范围通常是部分地区或部分类型的科技工作者，调查主题一般集中于某个方面或某个领域，样本量一般少于综合调查。

与中国科协同步，北京市科协已经开展了三次大型面上调查，主要面向北京地区的科技工作者，主要了解科技工作者在职业发展、科研活动、培训进修、职业流动、思想动态、社会参与及生活待遇等方面的状况，反映科技工作者的意见、呼声、要求，反映近年来科技工作者队伍的变化情况，并对科技工作者队伍状况进行历史比较和群际比较，为党和政府制定相关政策服务。调查分析结果得到了市委市政府重视，相关报告还被收入《北京改革蓝皮书》。

根据市科协整体工作安排，北京市科协每年都会组织2～3次专项调查任务。近两年做的专项调查任务主要包括：北京科技工作者职业发展状况的专项调查、人才成长环境专项调查、科技工作者压力情况专项调查、北京科技工作者知识产权素养状况专项调查等。北京市科技工作者状况调查站点均按照调查与抽样要求，保质保量地完成了全部专项调查工作任务。

2. 紧急、快速调查工作模式

紧急、快速调查工作模式是指临时布置的应急调查。主要包括：围绕党和国家重要政策、重要活动、重要事件等的调研，针对自然灾害、事故灾难、公共卫生事件和社会安全事件等突发事件调研，根据一段时期内科技工作者队伍建设中的倾向性问题开展的调研活动。

根据中国科协和北京市科协的部署，每年不定期进行紧急调查任务。例如："双创"政策落实情况紧急调查、"科技人员创新能力现状"快速调查、"科技工作者心理和职业发展状况调查"等，其中最有影响力的是"开展首都科技工作者对党的十九大反响情况"紧急调查任务。

党的十九大胜利召开后，北京市科协迅速响应，在集中力量组织科技工作者调查站点完成问卷调查任务同时，积极组织召开专题座谈会，组织首都各行各业的科技工作者热烈研讨"党十九大"会议精神，并迅速将调查后的数据进行深度挖掘与分析，进而形成"关于首都科技工作者对党的十九大反响快速调查"的报告，同时提交至市委市政府，并最终得到时任北京市委市政府领导的批示。

3. 同步扩大（借力）工作模式

同步扩大（借力）工作模式是指在接到中国科协要求全国站点完成问卷调查任务时，北京市科协会依据自身的实际工作需要，酌情将填答范围同步扩大至省级调查站点。主要做法就是北京市科协借助中国科协的网络问卷调查系统，将问卷调查任务同步扩大至省级站点，然后委托专业机构进行数据分析撰写报告。此种工作模式已经在北京市调查站点工作中实行了多年，目前已经成为一种相对固定的工作模式。从多年的工作经验中总结出了此种工作模式的一些优势与特点，具体如下。

（1）节约时间与经济成本，实现同步共赢。众多周知，网络问卷调查系统的开发需要耗费大量的人力、物力成本。从调查问卷的设计、上线、后台信息统计、分析各个环节的运行均需要有关专家、网络工作人员等人力保障。与此同时，还需要服务器、服务端口等设备硬件与软件的支持。但是目前，用于北京市调查站点工作的经费有限，还无力单独开发一套专门针对省级调查站点的网络问卷调查系统。利用同步扩大（借力）模式就是借助中国科协的网络问卷调查系统，最大化的节约时间与经济成本，完成对省级站点的信息监测、收集与分析工作，实现同步双赢的局面。

（2）扩大信息收集渠道，为基础信息收集与分析奠定基础。在北京市调查站点体系中，全国站点有 22 个，省级站点有 34 个。利用同步扩大（借力）工作模式将 34 个省级调查站点纳入到网络问卷调查系统中，就等于多出 34 个信息收集渠道，这样就逐步扩大了信息源，进一步扩展了信息收集的范围，这极大地有利于调查站点工作的基础信息收集与分析工作。不仅如此，利用此模式，不仅能掌握北京市所管理的全国调查站点的信息状况，还能同时了解省级站点的信息情况，为今后信息的对比分析研究打下了坚实的基础。

（3）增强站点工作参与感，激发科技工作者的积极性与创造力。利用同步扩大（借力）模式可以进一步增强调查站点的参与感，使更多的科技工作者加入到调查站点队伍中来。

4. 专题座谈会工作模式

专题座谈会模式是北京市科协独创的调查站点工作模式。它是北京市科协根据当前国家和北京市科技方面重大政策和重点问题，精心选择主题，召开专题座谈会，邀请相关站点科技工作者从自身经验出发，研讨政策或者问题，最终归纳形成上报市委市政府的意见与建议。

专题座谈会自 2014 年开始实行以来已经成为北京市站点工作的重要工作模式与手段。其中许多座谈会议题及相关的意见与建议得到了有关领导的高度关注。以下是近年来几次座谈会的内容及其社会影响力的介绍。

（1）"科研经费管理制度改革"专题座谈会。此座谈会的召开契机是北京市科协在对站点信息进行整理、编辑、分析时发现，科研经费的管理、使用、审计等问题是广大科技工作者普遍关心、亟待解决的问题。基于以上发现，北京市科协组织高等院校站点、科研机构站点、企业站点、卫生机构站点等类型站点的代表参与座谈会，就科研经费管理与使用问题展开深入研讨。此次座谈会共征集到有关科研经费管理的问题共十二条，提出相关解决措施与建议十条，最终形成了关于"科研经费管理"的专项建议。

（2）"科技工作者创业意愿及相关配套政策"专题座谈会。此次座谈会召开是根据当时国家出台了《中共中央国务院关于深化体制机制改革加快实施创新驱动发展战略的若干意见》《国务院关于进一步做好新形势下就业创业工作的意见》和《北京市加快推进高等学校科技成果转化和科技协同创新若干意见》（简称"京校十条"）的文件精神，围绕科研人员在职创业、离岗创业等问题展开。此座谈会主要邀请了高等院校、科研机构站点代表参会，共同探讨科技工作者离岗创业所面临的问题及相关解决措施。

（3）党十九大精神专题研讨会。2017 年，北京市科协召开"首都科技工作者学习党的十九大精神"专题座谈会，来自北京市的科研人员、工程技术人员、农业技术人员、卫生技术人员、科教人员等 17 位一线科技工作者代表（其中绝大部分来自市科协调查站点承担单位）参加座谈会，结合自身经历，就党的十九大精神的知晓情况、未来展望畅谈了自己的心得体会。此次座谈会是市科协开展的对党的十九大反响情况快速调查的项目之一，结合前期已经完成的问卷调查数据和对 3 名有代表性的科技工作者访谈结果，市科协形成了首都科技工作者对党的十九大反响情况报告报送相关部门参阅。

5.基础信息收集工作模式

基础信息收集工作模式是指北京市科协每年一次对所管理的调查站点进行基础情况摸底，为了解科技工作者的分布、流动等情况作基础集成。另外，北京市科协还不定期以调研课题的形式委托相关科研机构对调查站点体系进行深入的调研，最终形成相关的专项调研报告。概括地说，此种工作模式主要包括日常信息收集与调研课题信息收集两种方式。

（1）对于日常信息的收集方式，北京市科协主要通过网络问卷调查信息收集和站点信息收集，除此之外还通过每年组织的站点工作总结大会进行现场信息收集。这里重点阐述一下总结大会现场收集信息方式。总结大会现场收集信息方式是指，在站点工作大会上，通过对当年所管理的调查站点工作人员进行访谈或是现场发放调查问卷的形式，了解每个调查站点的运行与管理情况，做好基础信息收集工作，为今后调查站点的动态调整与深入调研提供基础信息依据。

（2）对于调研课题信息收集方式，北京市科协会不定期委托专业科研机构对调查站点工作进行专题调研。其中具有代表性的调研课题有：2012—2013年委托中国科协发展研究中心的调研课题——"北京市科技工作者状况调查站点建设"调研课题，最终形成的专题研究报告作为北京市科协站点体系科学化建设的指导性文件。委托中国科学技术发展战略研究院于 2013—2014 年对北京市科技工作者状况进行了全面摸底调查，最终形成了关于北京市科技工作者状况的专项调研报告。委托中国科学技术发展战略研究院在 2015—2017 年对北京市调查站点体系进行了科学性、系统性的研究，最终形成了相关专项调研报告。

（二）北京市科技工作者状况调查站点的功能与作用

近年来，通过依靠科技工作者、联系科技工作者和服务科技工作者，北京市科技工作者状况调查站点体系不断发展建设，发挥了了解首都科技工作者状况、反映科技工作者诉求的显微镜和扬声筒作用，成为首都科技工作者反映意见、建议、呼声和诉求的重要渠道，并在建制度、建体系、建数据等方面做出了很多有益的探索。另外，北京的调查站点体系在服务地方政府决策，撬动社会资源共同关注科技工作者发展、加长科协服务科技工作者手臂方面发挥了重要作用。

1. 反映首都科技工作者呼声建议的重要途径

近年来，依托科技工作者状况调查体系，北京市调查站点体系及时采集北京地区科技工作者的情况，以站点信息"直通车"形式，将他们的所思所想和所虑所忧及时、真实、持续地反馈至中国科协。站点信息既反映北京科技工作者基本情况，也反映科技工作者队伍建设中的倾向性、苗头性问题；既反映北京科技工作者在工作、生活、职业发展中遇到的困难和问题，也反映北京科技工作者的意见、建议和诉求，为北京市领导同志了解基层一线科技工作者状况提供第一手资料，这些调查成果为决策者科学决策提供数据支持与服务，受到领导的充分肯定。

2. 政府感知首都科技工作者意见的特殊渠道

北京市科技工作者调查站点体系是北京市级、区级两级党委政府了解北京区域范围内科技工作者状况的重要渠道。北京市级、区级两级党委政府通过北京市调查站点体系可以及时感知科技工作者在就业方式、科研环境、生活状况、流动趋势、思想观念等方面出现的新情况和遇到的新问题，并反馈给相关决策部门，为政府科学决策提供重要支撑。比如，2019 年，北京市科学技术情报研究所利用调查站点调查数据撰写的《关于首都科技工作者对党的十九大反响快速调查的报告》获时任北京市委副书记批示。

3. 凝聚了较为稳定的首都站点工作人员队伍

在调查站点设立之初，北京市科协就对站点工作人员在政治素质、调查工作专业技能、分析技能和文字能力、沟通能力、组织能力、责任意识等能力方面提出了基本要求，还明确要求站点人员需要掌握本区域、本领域、本单位科技工作者的数量、分布、结构、类型等相关情况。经过多年的发展，北京科协根据科技工作者队伍数量、结构和分布方面的变化，多次扩充站点数量，加上由于样本老化调整或其他需要调整下去的站点，北京目前共有 84 个从事过科协调查站点工作的单位，覆盖了高校、科研院所、企业、医院、高新技术园区、中学、基层科协、全国学会八种不同类型。一般来说，每个站点都会配备一名或多名站点工作人员。这样，北京市至少凝聚了100多名熟悉科协科技工作者调查体系的科技工作者。这些人，都是科协与北京市科技工作者沟通的桥梁和纽带，是做好站点工作的中流砥柱。

4.动态积累首都科技工作者数据信息资源

北京市科协一直重视利用站点体系动态积累首都科技工作者的相关数据信息资源，并注重对这些数据的分析和研究。近年来，北京市科协邀请中国科学技术发展战略研究院科研人员对北京市的站点体系进行基础数据收集和基础数据分析。一方面，这些数据及相关研究能推动北京市科技工作者相关理论研究工作的顺利开展。另一方面，这些数据资源及相关研究也为后一步的决策咨询提供了数据资源支撑。当前，北京市科技工作者状况调查体系积累了大量丰富翔实的第一手动态资料，动态积累了大量关于科技工作者的数据资源，成为社会各界关注和研究科技工作者的重要数据资源库。

5.通过站点工作促进科协自身体系建设

北京市科协一方面积极推进调查站点工作，另一方面也通过站点工作增强了科协自身的社会影响力，促进了科协自身体系建设。从科协系统自身建设来看，站点很大一部分来自科协系统内的单位和组织，这项工作内化于各单位职责中，促进了科协自身体系建设。从站点提升科协影响力的层面来说，通过站点工作，使得一批科协体系外的科技工作者认识到了科协、了解科协，进而加入到科协组织中来，通过站点工作提升了科协的社会影响力。从通过站点工作提升科协组织凝聚力方面来看，站点工作使得原本比较松散的学术组织或是社会团体凝聚在一起完成调研或调查工作，增强了科协的凝聚力与号召力。

四、工作经验总结

作为最早开始设立省级调查站点的省份之一，多年来，北京市科技工作者状况调查站点体系切实履行科协作为党和政府联系科技工作者的桥梁纽带职责，协助科协及时、准确地了解和掌握科技工作者的思想状况、需求、意见和建议，维护科技工作者合法权益，打造出了以调查项目为载体，调查渠道、调查技术、调查系统为支撑，以调查成果服务智库建设为导向的工作格局，在科技工作者与党和政府之间建立通畅稳定的沟通渠道方面发挥了重要作用。北京市科技工作者状况调查站点工作主要做法如下：

（一）加强站点工作顶层设计与战略构建

为科学合理建设科技工作者调查站点，切实使调查站点成为市科协联系服务首都科技工作者的重要渠道，切实使调查数据科学理性，北京市科协 2012 年、2013 年、2015 年分别邀请中国科协发展研究中心和中国科学技术发展战略研究院对北京市科技工作者状况调查站点建设情况进行了摸底及顶层规划设计研究，形成了《北京市科技工作者状况调查站点建设》《北京科技工作者状况调查》《北京市科协调查站点基本情况调查体系研究》等系列研究成果，深度分析总结北京市站点体系及站点工作存在的问题及下一步战略构建，以深度研究引导北京市站点工作向专业化、系统化和科学化方向发展。在工作谋划上，北京市科协每年都会召开年度科技工作者状况调查站点工作会，总结上一年工作经验和问题，研究部署下一年度工作任务。

（二）将站点工作主动融入科协工作整体

在科协的众多业务中，科技工作者状况调查站点工作只占很小的一部分。但是，作为科协组织联系服务首都科技工作者的重要渠道之一，北京市科协把调查站点工作主动融入科协整体工作，切实做好桥梁纽带。一是每年在遴选调查站点单位时，优先从科协系统的相关单位、组织选择，体现站点工作的上下联动关系。二是对非科协系统的站点单位，积极把它们纳入市科协相关活动、工作和项目中，在潜移默化中宣传科协组织，吸引凝聚他们成为科协系统的一分子。如中冶建筑、机械信息工业研究院等都是通过这种途径加入到市科协大家庭中来的。三是把站点工作作为市科协专业智库体系建设的基础支撑，站点不仅仅只是科技工作者"信息直报点"，还是科协各项决策咨询活动的有力参与者和贡献者。

（三）持续关注和服务首都科技工作者

北京市科协十分重视关注首都科技工作者状况以及对站点工作的理论与实践创新研究。在理论研究方面，北京市科协每年都会在调研课题选题中设立"科技工作者状况类选题"，围绕关系科技工作者切身利益的重大共性问题、首都科技工作者队伍的变化趋势、成长环境和思想动态，包括科技人才发展战略研究、有效激发科技工作者投身创新驱动发展、维护科技工作者合法权益等方面设立相关研究课题。在实践探索方面，北京市科协积极探索服务首都科技工作者的新模式与新机制，以开创站点工作新局面。比如，通过探索北京青年优秀论文评选机制推动学术成果科普化，给予科技工作者精神和物质激励；通过探索导师制的青年人才托举工作，弘扬科学家精神，传递科学思想和科学方法；通过推动开展科技评价，助力科技工作者成长和服务创新驱动，多举措增强科协对首都科技工作者的吸引力和凝聚力，以便利于调查站点工作的顺利开展和推进。

（四）逐步完善站点规章制度管理体系

为规范北京地区的科技工作者站点管理，在遵循《全国科技工作者状况调查站点管理办法》基础上，北京市科协制定了《北京市科协科技工作者状况调查站点工作手册》和《北京市科学技术协会科技工作者状况调查站点管理办法》，明确了科技工作者状况调查站点的功能和任务以及指导调查站点开展工作的基本指南，并不断对其完善。北京市科协还根据北京地区特色，形成规范科学的动态调整制度。根据中国科协制定的"两级、三类、统筹"调查站点总体构架，北京市科协对市级站点和辖区内全国站点进行动态调整，以减少样本老化对调查质量的影响，并在中国科协站点统一规划的基础上，根据北京市实际情况提出具体的年度调整方案。一般来说，全国站点期满后可以调整为市级站点，市级站点又可以择优升级为全国站点，机构类调查站点运行期满5年后综合考虑科技工作者队伍变化趋势及站点工作绩效，逐步进行调整轮换，而区县调查站点、园区调查站点和学会调查站点可保持相对稳定。

（五）推动站点成果服务北京地方决策

为充分发挥科协组织人才荟萃、智力密集优势，服务党和政府科学决策，北京市科协积极主动推动站点成果服务北京地区决策，通过建立覆盖广泛、布局合理、动态调整、规范科学的科技工作者调查网络体系，为科协建设高水平科技创新智库提供有力支撑。2009 年创刊《科协站点信息》并不定期出刊，获得多次批示或回复。为及时了解到科技工作者们在思想观念、就业方式、科研环境、生活状况、流动趋势等方面的新动态，为制定相关的政策提供参考，北京市科协还定期开展专题调研。比如，《我市非公高技术企业科技人员状况调查分析》《当年功臣呼唤公平正义，要求解决退休金过低问题》等调研报告和建议，受到了北京市的重视，这为促进解决科技工作者实际困难发挥了积极作用。北京宣武中医院站点反映的"关于开具死亡证明的困扰"问题，经市政府人民建议征集办公室转市公安局、市卫生局，得到了两家单位的重视，在了解核实情况后，先后给予了答复。

（六）多举措激发调查站点人员积极性

为加强对各站点经费支持，有效激发各站点工作积极性，北京市科协不断加大站点经费支持力度，通过精神激励、物质激励相结合的方式，调动站点工作积极性。目前，每个调查站点均能获得 2 万元的站点活动经费支持。其中，中国科协给全国站点拨付 1 万元活动经费，北京市科协匹配 1 万元，使经费增至 2 万元。34 个省级站点的 2 万元均来自北京市科协拨付。北京市科协每年还安排一定经费，用于年终考核表彰、工作培训等，对于上报优秀站点信息的站点工作人员，给予每人 800 元的补贴。对年度优秀站点工作者，也给一定的激励支持。

（七）将站点工作纳入科协智库体系建设

北京市科协将站点工作作为推进科协高端科技创新智库建设的重要基础以

及推进科协系统深化改革的重要抓手。北京市科学技术协会专业智库基地是北京市科协依托专业团队的专业知识，在具有决策咨询研究潜力的高校和学会等设立的半实体化的非营利性研究组织。目前，北京市科协在北京已建立 16 个智库基地，中国科学院老专家咨询团、北京测绘学会、北京农学会、北京减灾协会、北京科技政策与管理研究会、北京医学会、北京气象学会、北京科学技术情报学会、北京工商大学科协等大部分智库是以调查站点为依托设立。比如，在北京工商大学建立的"北京工商大学专业智库基地"，就是结合校科协多年"全国科技工作者状况调查站点"站点信息撰写经验，致力于打造出技术高超、队伍完备、成果优良的专业智库基地。北京市科协在北京科学技术情报学会建立的"情报学会智库基地"，也是基于学会多年来的调查站点方面工作经验，持续跟踪关注青年科技工作者和新型科研机构的发展，一是进行重大科技前沿和创新战略跟踪研究；二是科技群团在全国科技创新中心建设中的地位和作用研究；三是全球高端人才流动趋势跟踪研究。可以说，推动调查站点体系建设与智库体系建设同步、协调、互利发展，是北京市科协站点工作的一大特色。

（八）依托中国科协系统同步开展北京调查

近年来，北京市科协会围绕本市年度重点，依托中国科协站点系统，开展首都科技工作者同步调查，即将北京市省级站点纳入中国科协的电子问卷系统中来，让省级站点一起参与调查。例如，2017 年 7 月，依托第四次全国科技工作者状况调查，北京市科协同步开展了"2017 北京科技工作者状况调查"，面向首都科技工作者，了解其在职业发展、科研活动、培训进修、职业流动、思想动态、社会参与及生活待遇等方面的状况，反映科技工作者的意见、呼声、要求，进而分析科技工作者队伍的变化情况，并对科技工作者队伍状况进行历史比较和群际比较，为市委市政府制定相关政策服务提供数据支撑和载体。

五、目前存在问题

经过十几年的实践，北京市科技工作者状况调查站点工作获得了首都科技工作者的认可和社会各界广泛关注，取得了不少可喜的成绩。但对标中央和市委对群团改革的要求，北京市科技工作者调查体系还存在短板和挑战，体现在调查站点规模结构尚不能满足开展细分调查的需要，站点联系和服务科技工作者的功能亟待拓展，信息化、网络化科技手段运用不足，通过站点报送基层信息并及时报送、舆情监测的技术和方法还不成熟以及与科技工作者联系不亲、不紧，对科技工作者的政治引领政治吸纳和桥梁纽带作用发挥不够等问题。

（一）调查站点管理体系有待进一步科学化

在站点人才建设方面，还存在着专业力量不足问题，在问卷设计、调查实施、数据处理与分析方面，也存在着人才短板。在调查站点调查工具的使用方面，存在着软、硬件不足以及指标体系缺乏标准化、规范化问题，在平台信息化以及精准推送方面有待提高，移动端利用不足，不利于对科技工作者队伍的长期评估监测。在站点体系机制建设方面，存在着上下联动不足，内外合作不多问题，在成果应用机制的构建方面，在面向决策、面向公众和面向学术方面，都有优化的空间。调查站点体系还存在着样本老化的问题，未来，应通过站点轮换、样本轮换等方式，增强样本动态调整的科学性。

（二）组织和联系科技工作者能力有待提升

当前，北京市科技工作者调查站点工作还存在着与科技工作者联系不紧不亲的问题，在组织和联系科技工作者方面有待提升。调研中发现，目前，北京一部分科技调查站点体系外的科技工作者还不了解站点，对站点的属性、功能、活动等不甚熟悉，甚至不知道站点工作，这很大程度上归因于站点在科技工作者的组织"连接"方面作用发挥不够，站点作用发挥的活力仍不够，为科技工作者提供的专业化服务能力不强，对科技工作者的创新引领能力也不强，站点体系主动联系和服务科技工作者能力有待提升。另外，当前的调查站点大多都设在一线单位，很多科技工作者调查站点还没有能力、没有抓手来维护科技工作者的权益。这些调查站点普遍同基层一线科技工作者距离最近、联系最密切、沟通最直接，最容易准确了解他们的实际情况和真实想法，但还存在着面向高层次科技工作者的服务与调查不足问题。另一个不容忽视的问题就是，科技工作者调查站点在反映科技工作者动态及舆情时的时效性较弱，在发现科技工作者苗头性问题的趋势功能发挥方面功能欠缺，反映舆情民意的时效性偏弱。

（三）政治引领科技工作者作用亟须加强

科协是科技工作者的群众组织，也是党领导下的人民团体，是代表广大科技工作者利益、反映科技工作者诉求的组织，因此，在科协组织的政治性、先进性、群众性、专业性等多重属性中，政治属性是最突出、最重要的属性。刘云山同志在中国科协九大所致祝词中突出强调，科协组织作为党联系科技工作者的桥梁和纽带，要把保持和增强政治性、先进性、群众性作为主线贯穿工作各方面，坚定不移走中国特色社会主义群团发展道路。科技工作者调查站点作为科协服务科技工作者的重要渠道，理应充分发挥政治引领科技工作者的职能，但目前，北京的科技工作者调查站点体系在政治引领科技工作者方面的能力亟须提升。鉴于站点工作人员的流动性较大、站点工作尚未在站点单位受到足够重视等原因，站点工作人员尚不具备充足的时间和精力去发挥政治引领作用，亟须在今后通过站点体系的调整和功能的提升加以完善。

（四）服务北京决策方面的功能有待进一步拓展

中国科协设立调查站点体系的初心是致力于服务国家决策。经过多年的发展，北京市科协也在探索利用北京市的站点体系服务于北京地方决策，通过动态调整站点、增加站点数量、突出代表性等做法，以满足北京市站点体系服务于区域决策的现实需要。但目前北京市的站点数量不足以支撑北京的地方决策，在科学性、典型性方面都有所不足。下一步，北京应不断优化北京市站点体系建设，研究站点科学布局，增强样本体量与代表性，推动站点工作，为北京加快全国科技创新中心建设提供决策支持。

六、面临的机遇与挑战

（一）北京市科技工作者状况调查站点发展面临的机遇

新时代背景下，北京市科技工作者调查站点发展面临着许多发展机遇。通过充分发挥和利用调查站点在科技工作者调查方面的独特性和权威性，以翔实的数据和来自一线的声音，助力和支撑智库建设，推进智库建设，这对新时期科技工作者调查站点功能发挥提出了更高的要求，为调查站点发展带来了新的发展机遇，使得调查站点在服务党委政府科学决策方面有更多可以发挥的空间。

1. 科协工作格局的新变化助推北京站点体系更好地发展

随着科协改革的全面展开和深入推进，科协工作边界不断拓展，工作格局持续调整，科技工作者状况调查站点工作也应与时俱进。在 2016 年 5 月召开的科技三会上，习近平总书记明确要求各级科协组织要坚持为科技工作者服务、为创新驱动发展服务、为提高全民科学素质服务、为党和政府科学决策服务的职责定位，推动开放型、枢纽型、平台型科协组织建设，接长手臂，扎根基层，团结引领广大科技工作者积极进军科技创新。新时代，科协工作格局发生了新变化，实现了由"四服务一行动三功能"的基本工作格局向"1-9-6-1"战略布局工作格局的转变。2016 年，中央印发的《科协系统深化改革实施方案》要求，科协要进一步密切与科技工作者的联系，更好地发挥党和政府与广大科技工作者的桥梁纽带作用，建立联系科技工作者长效机制。加强科协系统高水平科技创新智库建设工作，利用好科协系统的各种调查网络，及时反映科技界存在的问题和科技政策落实上的问题，反映科技工作者诉求和建议。科协的"1-9-6-1"战略就是通过三维聚力，提升科协群众组织力，"将更多科技工作者纳入科协体系之中"。可以说，科协工作格局的新变化有利于助推北京站点体系的优化和发展。

2. 科技创新中心建设为北京站点体系发展提供了良好的外部条件

随着北京科技创新中心建设进程的加快，北京的研发条件及创新环境日益优化，为北京的站点体系发展带来了良好的外部社会环境。近年来，北京全社会研究与试验发展（R&D）经费投入规模持续增加，从 1996 年的 41.8 亿元增长到 2017 年的 1579.7 亿元，增长了 36.8 倍，占全国比重保持在 9% 左右；R&D 经费投入强度保持在 5.8% 左右，超过了纽约、柏林等国际知名创新城市。其中，基础研究经费投入逐年增加，约占全国的 1/4；基础研究投入占比从 2012 年的 11.83% 稳步提升至 15% 左右，超过日本和韩国等部分发达国家。截至 2018 年年底，全市国家级高新技术企业累计达 2.5 万家，是 2012 年的 3.1 倍。北京正在成为全球创新网络中崛起的新高地。北京的科技创新中心建设亟须有一支强有力的科技工作者队伍，必须加大对他们的了解和服务，这为站点体系的发展提供了良好的外部环境和条件。

3. 科技工作者状况及发展日益受到社会广泛关注

科技竞争态势的日趋激励，使得科技在国家加速发展中扮演起加速度的角色，创新型国家的建设，需要一大批致力于科技发展事业的科技工作者，在这样的社会背景下，科技工作者的发展状况和需求等，受到了党和政府的日益关心与关注。这个从 2016 年国务院批准将 5 月 30 日定为"全国科技工作者日"就可以看出。国家对科技工作者的重视，为调查站点的发展带来了机遇。

（二）北京市科技工作者状况调查站点发展面临的挑战

随着我国自主创新意识的提高以及国家对科技工作者服务工作的要求越来越高，科协对科技工作者调查站点功能优化提出了更多、更高的要求，这也对科技工作者调查站点工作带来了一定的挑战。

1. 新型智库建设的兴起对站点体系发展带来了冲击

近年来，北京推进新型智库建设的热情高涨、声势浩大，整体发展态势良好。新时期智库建设的目标就是服务于党和政府科学民主依法决策，智库建设为科技工作者向上传递声音提供了新的渠道，冲淡了科技工作者调查站点作为科技工作者反映心声和建议的唯一性和不可替代性，给科技工作者调查站点体系发展带来了一定的冲击和挑战。另一方面，基于站点体系独特的数据信息渠道与历史动态数据积累能给智库提供一定的数据支撑，新型智库建设带给站点体系发展冲击的同时，也带来了机遇。社会调查咨询机构的快速发展以及网络环境下数据资源的信息挖掘，倒逼站点调查手段要及时创新调查方式与手段，适应大数据发展环境下的社会发展形势需求。

2. 社会新形势、新变化为调查站点管理增加了难度

当今世界正处于"百年未有之大变局"中，社会新形势新变化要求站点的管理应与新时期科技发展形势同频共振，这增加了调查站点管理的难度。首都科技工作者分布在不同单位，成长规律、面临的问题也不尽相同。根据北京市科协统计数据，北京有科技工作者99.4万人，但北京只有56个站点，从样本体例和覆盖人群综合考虑，很难开展分学科、分产业、分职业等更深入的调查研究，站点设置的代表性与典型性与科学性问题仍有待进一步提高，站点动态管理（包括站点的设置、撤销、升级或降级等）机制也有待优化。从站点设置的代表性来说，很多具有代表性的大院大所和大学并未设置站点。在站点类型上，新型研发机构、欧美同学会、留学基金委等机构目前尚未设置站点。老年科技工作者这一群体受到的关注较少，高层次人才往往不被目前的站点调查体系所覆盖。未来，应逐步拓展北京调查站点的数量与类型。

3. "获得感"目标对站点激励机制创新提出了新要求

目前，北京的调查站点评价实行量化指标与定性评价相结合的考核办法，评估等级分为优秀、良好、合格、基本合格和不合格。根据管理办法，"对达到优秀和良好站点标准的予以通报表扬或其他形式的表彰。凡上报信息被北京市科协相关工作刊物登载并引起上级党政领导重视的，由市科协调宣部对相关调查站点给予重点表彰与激励。凡针对调查工作中存在的问题提出建设性意见的，由市科协调宣部对相关调查站点给予通报表扬"。但这种表彰的激励作用有限，很多工作的开展就是靠调查员的事业心和责任感。未来，北京市调查站点体系的评价与激励机制应与科技创新治理新理念相符合与时俱进。

4. 站点工作人员的非专职化影响站点体系的功能拓展

当前，北京科技工作者状况调查站点的工作人员大都是兼职，有着非专职化的特点。比如高校、科研院所的站点都是放在科研处或相关管理机构里，这些人员本身业务就比较多，任务繁重，站点工作占其总工作量比例较小。根据调查问卷数据显示，有 51.2% 的站点工作人员所从事的站点工作占其工作总额的 10% 以下。在调查站点工作人员时间和精力难以保证的情况下，难免会影响站点工作质量以及调查站点体系功能的拓展。

七、加强站点建设的建议

当前，北京进入全国科技创新中心建设的关键时期，科技成为经济社会发展的重要支撑，面临新的机遇与挑战，北京市科技工作者状况调查站点工作应以完善调查体系、提升数据和站点信息质量为重点，以提升研究咨询水平、服务科技工作者相关决策为功能目标，加强顶层设计、统筹协调和分类指导，创新体制机制，强化人才队伍，夯实基础设施，加强数据分析，推动建立形成调查站点的资源积累机制、文化养成机制和整体社会形象塑造机制，推动站点体系功能进一步拓展，开创科技工作者状况调查体系科学发展的新局面。

（一）聚焦主业，保障调查站点核心作用发挥

站点在成立之初的功能定位，就是使站点成为广泛联系区域范围各类科技工作者群体的纽带，成为宣传党和国家方针政策的重要窗口，成为及时反映舆情民意的快速通道，为党委政府决策提供有力支撑。为实现这一目标，站点工作应聚焦在问卷调查任务、信息报送任务和应急性任务上，站点的运行及设立原则是促使这些站点核心主业及时、有效进行的保障。

1. 加强理论研究，夯实站点工作科学基础

分领域、分类型深入开展首都科技人力资源研究和科技工作者动态监测，为优化调查站点体系提供更加准确可靠的依据；开展科技工作者相关调查指标研究，实现指标统一性和数据可比性；开展科技政策、人才政策的多学科交叉

研究，将科技工作者状况调查发展成为能够支撑决策的社会实证研究。

2.注重人才建设，加强站点人员培养培训

结合新时期站点功能定位与业务要求，加强站点工作人员业务能力的培训。由于调查数量大幅度增加，需要进一步加强对站点负责人尤其是新增站点负责人的培训，使每个调查站点的负责人准确、清楚地理解信息上报要求和信息撰写的基本技巧，并提高从日常工作中发现问题的能力，在源头上保证上报信息的质量。强化站点工作人员责任意识、服务意识和奉献意识。鼓励站点工作人员深入走访科技工作者，通过体制机制建设促进站点工作人员担负起科技工作者日常联系的联络员、宣传政策的宣传员、协调解决实际问题的协调员、征求意见的问计员、调研问题和不足的调研员。另一方面，要提升科协服务调查站点工作人员的能力和水平。要在各站点上报信息后第一时间予以反馈，并针对其中存在的问题，积极与该站点负责人联系，提出修改意见，力争使调查站点报送的信息在质量上有进一步的提高。

3.完善激励机制，促进站点功能充分发挥

科技工作者调查站点工作应围绕科技工作者站点的主业——收集科学决策所需要的数据——来进行，并通过激励机制的构建持续强化这一核心功能。通过激励机制构建引导调查站点更好地聚焦主业、履行站点核心功能。支持各站点单位将站点工作纳入本单位本部门的考核，建立领导负责制，并将此作为对站点管理工作考核的维度之一。在对站点日常的管理与考核中，通过对核心功能加以考核，强化科技工作者状况调查站点的核心功能；通过对非核心功能加以激励以弱化非核心功能，有利于科技工作者调查站点更好地聚焦主业，强化调查站点的核心功能。整合科协现有人员激励和支持模式，加大对优秀站点及站点工作人员的多元化激励。站点信息专报若得到领导批示，可围绕相关站点信息在报送单位设立相关研究课题，就该选题开展持续深入研究。加大对优秀调查站点工作人员多元化激励力度。在每年的全国科技工作者日，对在站点信息报送和调查问卷等方面做出突出贡献的优秀调查站点工作人员进行宣传表彰和激励。

4. 创新调查方式，拓宽调查网络信息渠道

拓宽科技工作者舆情监测途径。建立以调查站点体系信息调查为主，网络舆情挖掘为辅的科技工作者舆情监测工作体系。充分利用网络信息技术及时掌握科技工作者舆情动态。结合现有实体站点与虚拟的"无形"站点，把海量网络资源与现有实体站点体系整合起来，建立样本覆盖更加广泛、调查执行更加高效的科技工作者调查网络。在科技工作者之家网站上设置留言或论坛版块，作为科技工作者发声的阵地。围绕科协重点关注领域，定期发布站点信息选题指南。推动信息征集方式向多元化方式转变，比如征文、课题征集、座谈以及利用站点渠道或媒体开展征文。建立提案与意见的反馈机制。

（二）强化管理，助力站点工作规范有效运行

深入分析当前面临的形势与挑战，加强顶层设计，制定工作规划，明确目标任务和政策措施，加强科技工作者调查站点发展规划和引导，指导站点工作又好又快发展。

1. 完善管理机制，提升站点工作时效性

推进样本库建设。积极稳妥地推行站点联系范围内科技工作者登记制度，对重点关注科技工作者人群进行登记，观察其成长路径，关注其成长需求。完善样本数据库的维护和使用办法，减少个人信息的重复采集，减轻站点工作量，提高调查效率，有效控制样本使用频率。

设立绿色通道，建立对于紧急事件、苗头性倾向随时汇报的机制。确保科技工作者建言献策渠道，尤其是汇报紧急事件的渠道畅通，体现调查站点及时准确地反映舆情民意的优势。

2. 创新调查方法，推动工作科学化发展

探索新型调查手段和形式。打造网上网下相互促进、有机融合的调查站点工作新格局。加快基础平台建设，探索网络在线调查、电话调查、手机调查等新形式新方法。借助大数据技术，实现调查手段与方法技术升级。建立集数据采集、跟踪、统计分析与预测为一体的调查站点数据采集与分析系统。将现代技术的大数据采集与传统社会调查的小数据采集有机结合，逐步实现调查工作

的信息化与现代化。

妥善应对样本老化问题。科学规范使用调查站点资源，尽量避免或延缓样本老化，从而保持调查站点的稳定性，降低维护调查站点的成本。依据站点运行周期、站点联系对象的规模和调查质量监测结果，分期分类地进行站点调整轮换工作。

3. 加强沟通交流，打造站点工作新格局

加强调查站点间的信息沟通与业务交流，打造网上网下相互促进、有机融合的调查站点工作新格局，逐步建立和完善提案与意见的反馈机制。

结合网上科协建设，拓宽站点组织，加强站点之间的沟通交流和联系服务科技工作者的渠道。通过站点之间的协调与沟通，促进科技工作者真正实现由物理连接、物质连接，转向精神连接、价值的连接；由单一连接、单向连接，转向泛在连接、双向连接；由弱连接、同质连接，转向强连接、跨界连接。通过站点工作加强科协对于科技工作者的凝聚力和吸引力，真正在党和政府与科技工作者之间建立畅通稳定和双向沟通的渠道。

（三）建立机制，以站点助力接长科协组织服务手臂

加强制度保障，在现有关注科技工作者范围基础上，扩展服务人群，确立"面向地方决策""面向海外科技工作者"及"面向高层次科技工作者""三个面向"的服务范围拓展目标，借助站点体系助力科协接长服务手臂。

1. 注重组织建设，构建科协基层组织建设新形态

建立完善多级联动的科技工作者调查站点体系。将站点建设与科协基层组织建设结合起来，在企业科协、高校科协等现有基层科协组织基础上设立科技工作者调查站点，赋予科协基层组织承担问卷调查、动态信息上报等任务职责。把调查站点作为基层组织的特殊形式，在科技工作者密集的地方广泛建立。通过调查站点深入科技工作者之中，听取他们的意见建议，集中他们的智慧，及时反映给各级党委政府。通过站点向所联系的科技工作者及时宣传科技政策、人才政策，扩大科协组织的影响力，不断增强科协组织对科技工作者的凝聚力和吸引力。

2. 完善站点布局，扩大站点工作辐射的影响范围

优化调查站点布局，科学动态调整调查样本，完善指标体系，提升数据质量。在领军科技人才、一线创新人才、青年科技人才聚集的高等学校、科研院所、高新企业等机构优先设置调查站点，更加全面覆盖各层次、各区域、各职业、各学科等不同类别科技工作者，更加准确地掌握科技队伍的现状和变化。加强北京市级站点建设，扩大站点规模，支持区级建立站点。针对三城一区科技创新主平台，由市科协统筹推动其区级站点建设，及时了解全国科技创新中心建设进程中各类型新型研发机构、海外驻京研发总部、跨国科技创新主体等相关机构科技工作者的状况。

扩大样本数量，提高社会调查科学性。建立高层次科技工作者样本库，弥补现有调查站点对高层次科技工作者关注不够问题。探索建立面向海外科技工作者调查的新机制。通过在海外华人科技工作者密集的区域建立调查站点，或者在留学基金委等能与赴海外科技工作者机构建立密切的单位设立调查站点，了解海外科技工作者发展现状与政策需求。在新型研发机构、海外人才服务机构、老年科技工作者协会等机构设置站点，适当保留具有典型意义和代表意义的站点。针对三城一区科技创新主平台，由市科协统筹推动其区级站点建设，及时了解全国科技创新中心建设进程中各类型新型研发机构、海外驻京研发总部、跨国科技创新主体等相关机构科技工作者的状况。促进站点体系覆盖面更广，代表性更强。

北京市科技工作者状况调查站点体系要不断发展创新，酝酿建设新型研发机构站点，在新型经济组织，例如，中关村智能制造大街和新型研发机构中增设调查站点，使这些新型经济组织加入到调查站点体系中，使更多在新型经济组织中的科技工作者加入北京市调查站点科技人才队伍，为调查站点工作注入新活力、新血液。

3. 加强对外宣传，增强科协和站点的社会影响力

加大站点工作对外宣传工作，在每次重大科技工作者调查之前，加大与媒体的合作，发挥报刊、专著、内刊等渠道作用，充分利用各级政府部门网站、电子期刊、微信公众号等新媒体的传播功能，加强信息发布，不断提升调查站点的社会影响力。加强中国科协及区域责任部门与主流媒体、门户网站的合作，提高公众、科技工作者、调查站点所在单位领导以及站点管理人员对科技工作者状况调查站点工作意义的认识，争取广泛的社会支持。撬动社会力量，完善首都调查站点工作体系。各站点要主动协调有关部门，积极争取人员编制、场所配套、设备配备等方面的政策支持。

（四）凝心聚力，深化拓展站点体系 PTSSSS 功能

随着国家对科技工作的重视，科技工作者地位和发挥的作用不断提高，科技工作者工作站点发展迎来了新时代，科技工作者调查站点工作在原有功能强化之外，还应服务拓展，通过站点功能的拓展为科技工作者服务党和政府、服务社会、服务企业，提供更广阔的平台支撑，促使调查站点在科技工作者动态监测、信息服务、决策咨询方面的能力得到提升。

1. 政治引领科技工作者（politic）

科协是党和政府联系科技工作者的"桥"，也是科技工作者之"家"，把广大科技工作者团结凝聚在党的周围，是党赋予科协组织的重要职责。科技工作者站点应发挥引导广大科技工作者筑牢信仰之基、补足精神之钙、把稳思想之舵的功能。通过调查站点宣传贯彻党的路线方针，在思想上政治上行动上同以习近平同志为核心的党中央保持高度一致。支持科技工作者通过咨询、人大代表履职、政治协商、意见咨询、评估等方式实现政治参与。通过站点工作模式方法的创新，实现科协政治引领政治吸纳能力、围绕中心服务大局能力、联系广泛服务群众能力全面提升，为科协事业跨越发展奠定坚实基础。

以"找准角度、关注热度、拓展广度"为切入，全面提升科协对科技工作者的政治引领、政治吸纳能力，汇聚建成世界科技强国磅礴力量。增强科技工作者对党的政治认同、思想认同、理论认同和情感认同。以习近平关于科技创新的论述凝聚科技工作者共识。引领科技工作者坚定不移听党话、跟党走，把正确的理想信念落脚到正在做的事情上，转化为创新争先的强大正能量。站在网上舆论斗争最前沿，综合运用维权热线、网络论坛、手机报、

微博、微信等新媒体平台，主动发声、及时发声，弘扬网上主旋律，对科技工作者进行网上政治引导和动员，充分利用网络平台发挥站点政治引领科技工作者的功能。

2. 为新型智库提供支撑（tank-support）

站点体系是北京市科协建设高水平科技创新智库的基础性工程和重要组成部分，为北京市科协的新型智库建设提供了重要支撑。围绕科协智库建设，将科技工作者状况调查工作纳入智库基础设施建设专项，定期开展本地区科技工作者状况的面上调查和专项调查，形成专题调研报告及时上报。通过数据资源的积累、科技工作者意见或者建议的传递等，为新型智库建设提供支撑功能。使科技工作者站点的数据与信息更好地发挥功能，为优化决策者决策提供数据与资源的支持，促使站点工作与智库工作更好地结合，推动调研站点的工作能越来越多地为科协确定工作思路、工作重点，特别是参与国家科技政策、法规制定和国家事务政治协商的重要保障和主要支撑。

3. 构建资源信息共享网络（data-share）

充分发挥站点网络作用，建立站点体系的资源与信息共享网络功能，促进各站点之间资源和信息有效衔接与利用，打破各站点之间的信息孤岛状态。通过站点资源与信息共享网络的信息交流与共享，实现各站点之间的资源与数据信息的共享。通过顶层设计，将站点建成数据信息的收集平台、数据的使用平台，以及科技工作者数据信息的数据库乃至科技政策研究的平台。

顺应 open data 时代发展趋势，推动数据适当开放，逐步实现数据资源互利共享。加强对站点数据信息的开发利用，适度公开站点数据，建立站点数据信息对部分机构、部分人员开发的信息共享机制。支持研究者针对科技工作者站点采集的数据开展相关研究，实现数据价值的最大化，让更多的人能开发和使用数据。

4. 监测舆情民意新渠道（supervise）

利用互联网技术，基于互联网的各类媒介平台快速发展壮大，使站点信息成为科技工作者舆情形成、传播和发展的重要载体，为政府的危机预警、负面舆情监测、反馈民意等获取第一手材料。充分发挥调查站点的科技工作者舆情民意动态监测功能，作为拓宽科技舆情收集渠道的重要途径。通过站点工作使科协与新时代发展同向的发展策略同向、与国家战略部署同步的路线图时间表同步、与党中央对科协组织要求同心的目标任务同心。

5. 深化服务科技工作者（service）

为科技工作者提供优质高效服务是新形势下科协组织的根本任务，为科技工作者提供优质高效服务的基础则是做好科技工作者状况调查工作。

随着科技工作者状况调查制度逐步完善，领域逐步拓展，调查逐步深入，调查所取得的成果会越来越多地成为科协确定工作思路、工作重点，特别是参与国家科技政策、法规制定和国家事务政治协商的重要保障和主要支撑，真正在党和政府与科技工作者之间建立畅通稳定和双向沟通的渠道。

支持站点在联系和服务科技工作者上主动作为，通过调查站点工作使其成为科协联系科技工作者、服务科技工作者的纽带。探索科技工作者调查站点体系联系服务科技工作者的方式方法，通过线上线下活动载体的建设彰显"家"的生命活力。拓展联系服务科技工作者的途径渠道，及时反映科技工作者的想法意愿，引导他们以理性合理的形式表达利益诉求，促使调查站点成加强科协组织对科技工作者凝聚力、向心力的重要抓手。服务科技工作者，帮助他们不断成长提高；依托调查站点建立维权办公室，与知识产权局、律师协会合作，为科技工作者提供必要的帮助。针对科技工作者的职业发展需求，开展信息和技术服务、继续教育、职称申报、政策咨询和学术交流等服务。维护科技工作者合法权益，协调和推动解决科技工作者职业发展最关心、最直接、最现实的重大问题。通过站点工作体系建设，使科协成为科技工作者筑梦之地、赋能之地和成就之地，建好在发展中有作为、受科技工作者欢迎的"科技工作者之家"，增强科技调查站点对科技工作者的人文关怀和情感联系，让科技工作者在调查站点感受到"家"的温馨。让更多的科技工作者认同科协作为科技工作者之"家"的功能定位，通过站点工作使科协真正成为科技工作者精神之家、价值之家和发展之家。

附　北京市科协相关工作文件

北京市科学技术协会科技工作者状况调查站点管理办法
（京科协发〔2019〕3号）

第一章　总则

第一条　为加强北京市科学技术协会科技工作者状况调查站点（以下简称"站点"）的管理工作，推动站点管理规范化和制度化，依据《全国科技工作者状况调查站点管理办法（2015年6月修订）》，特制定本办法。

第二条　建立调查站点体系是科协履行好桥梁纽带职责，广泛、持续、深入开展科技工作者状况调查的基础工作。通过设立调查站点，建立健全科学规范的调查体系，准确掌握科技工作者的基本情况，及时反映科技工作者的呼声和建议，在科技工作者与党和政府之间建立稳定畅通的沟通渠道。

第三条　站点设立和管理的原则：

（一）点面结合。部分站点直接设在科技工作者集中的企事业单位；部分站点设在广泛联系科技工作者的区科协、园区科协、学会等枢纽型组织。

（二）分类设置。充分考虑不同地区、专业和行业科技工作者的代表性。

（三）动态调整。根据科技工作者的分布状况和动态变化，适时调整站点布局。

第四条　北京市科学技术协会科技工作者状况调查站点包括全国和市级两类站点。

第五条　北京市科学技术协会（以下简称"市科协"）负责对设在北京地区的全国站点和市级站点的工作指导、协调、监督、日常管理及考核评估工作。

第二章　站点设立和调整

第六条　站点应为注册地在本市，科技工作者相对集中，具有独立法人资格的机构和组织。

（一）科研机构站点主要设在市级及以上的独立核算的研究与开发机构、科技信息与文献机构；

（二）高等院校站点主要设在按照国家规定的设计标准和审核程序批准举办的实施高等教育的全日制大学、独立学院和高等专科学校、高等职业学校和其他教育机构；

（三）大中型企业站点主要设在年主营业务收入在2000万元以上的企业（或集团企业）；

（四）大型卫生机构站点主要设在从事医疗保健、疾病控制的卫生机构，以三级以上医院为主，也包括疾控中心和大型医学科研教学单位；

（五）中学站点主要设在规模较大的普通中学和中等职业教育学校；

（六）园区站点主要设在国家级或市级园区的科协、园区管委会等能够广泛联系园区内科技工作者的单位和部门；

（七）区科协站点设在全市16个区科协；

（八）学会站点设在市科协所属的市级学会（协会、研究会）。

第七条　站点直接履行调查任务，依照相关要求，按计划进度和质量要求完成调查任务。主要工作内容为：

（一）按计划进度和质量要求完成中国科协和市科协下达的调查任务，包括问卷调查、网络调查、电话调查及相关信息采集等；

（二）积极反映科技工作者的呼声、意见和建议，每季度上报不少于一篇站点信息，发现问题或有重要情况应及时上报；

（三）密切联系科技工作者，及时了解掌握本地区或本单位科技工作者的基本状况和动态信息；

（四）完成中国科协或市科协临时布置的信息报送和调查任务；

（五）广泛开展建家交友活动，做好联系服务科技工作者等工作。

第八条　为防止调查样本老化和提高调查质量，定期按比例对站点进行调整。有下列情形之一的站点，原则上予以调整更换：

（一）超过规定运行周期。站点的基本运行周期一般为五年。原则上运行期满的机构类调查站点应进行更换，园区站点和学会站点综合考虑科技工作者队伍变化趋势及站点工作绩效进行调整轮换；

（二）站点联系科技工作者的范围较小，无法满足运行周期内抽样调查样本轮换需要，提前予以更换；

（三）不能按时保质保量完成任务；

（四）站点所在单位发生人事、工作等重大变化，不能继续承担站点工作任务。

第九条 市科协根据中国科协和市科协整体工作安排，公布调整方案，负责调整工作。

第十条 到期轮换下来的全国优秀站点可以转为市级站点，表现优异的市级站点可以轮换为全国站点。

第三章 站点的运行

第十一条 各站点要指定业务相近的部门承担调查任务，配置若干专职或临时人员承担具体任务，并报至市科协；调查员应相对稳定，如遇人员调整等对调查工作产生影响的情况，应及时与市科协沟通，并采取措施保证调查工作的正常开展。

第十二条 各站点应根据以下标准确定站点调查员：

（一）具有较高的政治素质，拥护党的路线、方针、政策，了解党和政府的科技政策和知识分子政策，熟悉国家和北京重大科技经济社会发展战略；

（二）掌握基本的调查工作业务技能，熟悉调查研究工作基本方法和问卷调查的基本技能，具有一定的分析能力和文字能力，熟练应用计算机等现代办公设备及互联网等现代办公工具；

（三）及时了解掌握本地区、本单位科技工作者的数量、分布、结构、类型、流动等相关情况；

（四）善于与科技工作者建立密切联系，积极深入科技工作者之中，主动与科技工作者交朋友，了解他们的思想、工作、学习、生活状况和现实需求，及时反映他们的意见和呼声；

（五）有高度的责任意识和任务观念，按时保质保量地完成各项工作任务，敢于反映真实情况。

第十三条　各站点要建立完善的管理制度，确保各项任务顺利完成，上报信息内容准确、真实、及时。调查员要妥善保管调查系统的相关资料，禁止向无关人员出示。各站点要积极参加中国科协或市科协组织的相关培训。

第十四条　全国站点通过"科技工作者状况调查平台"（http://210.14.113.77:808/kxoa/index/index.jsp）向中国科协报送相关材料，同时抄送至市科协调查站点专用信箱（bjkxzdxx@163.com）。市级站点直接向市科协调查站点专用信箱（bjkxzdxx@163.com）报送材料。

第四章　站点经费管理

第十五条　站点工作经费来源于中央和北京市财政的专项经费，按照中央和北京市财政有关规定进行预算编制、核定与支付。市科协依据站点数量以及年度考核结果确定站点经费额度，按时足额拨付至各站点。

第十六条　来源于中央财政的站点经费主要开支内容为：差旅费、调研费（包括交通费、食宿费、工作补助及其他费用）、稿费、专家咨询费、临时人员劳务费、数据处理费、资料印刷费等。来源于市级财政的站点经费主要开支内容为：调研费、稿费、专家咨询费、临时人员劳务费、资料印刷费以及其他开展站点工作必需的工作经费。

第十七条　站点年度经费分为基本运行经费、考核经费两部分，分两次拨付。其中基本运行费1万元；考核经费平均1万元，按照考核等次发放。

第十八条　各站点应按照中国科协和市科协规定的工作经费的用途、对象安排使用，不得挤占和挪用，不得擅自改变和扩大工作经费的使用范围。与调查站点工作无关的费用，不得在工作经费中列支。

第五章　站点的考核

第十九条　按照中国科协和市科协相关要求，市科协对各站点工作进行年度综合考核。考核实行量化指标与定性评价相结合的办法，以中国科协站点考核结果、站点完成年度问卷调查任务、信息报送任务以及其他工作参与情况等为依据逐项计分，综合评定确定考核结果。

第二十条　考核等次分为优秀、良好、合格、基本合格和不合格。有下列情形之一的站点，确定为不合格：

（一）工作任务完成情况未达标的；

（二）拒绝接受中国科协和市科协统一布置的调查任务的；

（三）工作中存在弄虚作假行为，造成严重后果的；

（四）违反规定，泄露内部信息和资料，造成严重后果的。

第二十一条 对优秀和良好站点予以通报表扬或其他形式的表彰；上报信息被中国科协、市科协采用并引起上级领导重视的，由市科协对相关站点给予表彰；连续两年考核不合格的站点，予以撤销处理，今后不再设立为调查站点。

第六章 附则

第二十二条 本办法自印发之日起正式实施，由市科协调研宣传部负责解释和具体实施。

第五章

广西壮族自治区
科技工作者状况调查站点体系建设

一、站点体系建设概况

2005 年，中国科协在全国范围内设立了 151 个科技工作者状况调查站点，其中在广西壮族自治区设立了 5 个科技工作者状况调查站点。国家级科技工作者状况调查站点在广西壮族自治区 2010 年增至 15 个；2011 年，站点数量再增加 1 个，达到 16 个。截至 2019 年，广西壮族自治区国家级科技工作者状况调查站点一直保持着 16 个。

2009 年，广西壮族自治区科协开始筹备设立省级科技工作者状况调查站点，初步选定 54 个站点并组织开展建站工作。2010 年 6 月，广西科协召开首届站点工作会议，标志着省级调查站点体系正式运转。回顾广西壮族自治区省级科技工作者状况调查站点建设发展的 10 年，大致可划分为 3 个阶段。第一阶段为探索期，2010 年 6 月—2014 年 5 月，省级站点的数量基本保持在 54 个，工作重点主要为狠抓站点信息报送，提高信息报送质量；第二阶段为爆发期，2014 年 6 月—2015 年 5 月，省级站点数量由 55 个增至 81 个，广西科协通过自身努力进一步扩大了站点体系的覆盖范围和类型；第三阶段为优化及功能扩展期，2015 年 6 月—2019 年 6 月，广西科技工作者状况调查站点体系根据实际情况不断调整，以满足站点工作需求，并开始开发站点新功能，探索如何更好地通过科技工作者状况调查站点服务科技工作者（图 5-1）。

此外，近年来，在广西科协的推动下，南宁、北海、贵港、防城港等市设立了市级科技工作者状况调查站点，初步形成了国家级、省级、市级站点"三级联动"的格局。

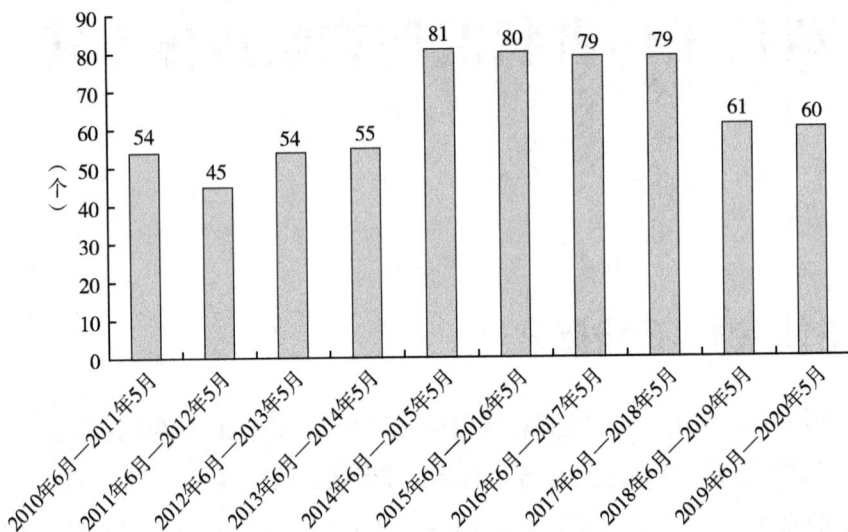

图 5-1　历年广西科技工作者状况调查站点数量情况

二、站点工作机制

广西区域内科技工作者状况调查站点体系工作由广西科协负责，具体实施由广西科协组织宣传部执行，是整个体系的核心转动轴；中国科协对广西区域内科技工作者状况调查站点工作进行指导；广西科协对广西区域内各市科技工作者状况调查站点工作进行指导。广西国家级科技工作者状况调查站点、省级科技工作者状况调查站点、市级科技工作者状况调查站点独立运行，其中，国家级科技工作者状况调查站点由中国科协宏观管理，广西科协对站点进行工作指导、协调、监督和日常管理；省级科技工作者状况调查站点分为区直省级站点和区域站点两个部分，广西科协对区直站点实行直接管理，对区域站点委托所在市科协进行管理和指导，每年度进行统一考核；各市级科技工作者状况调查站点由各市科协指导和管理（图 5-2）。

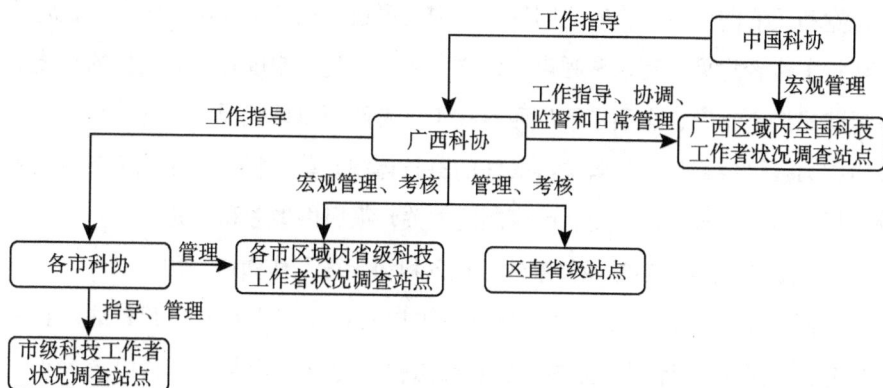

图 5-2 广西科技工作者状况调查站点工作机制

三、工作经验总结

从 2009 年至今，在中国科协的正确领导和大力支持下，广西科协切实履行科协作为党和政府联系科技工作者的桥梁和纽带职责，以科技工作者为本，围绕科技工作者状况调查站点的职责定位，结合广西实际，创新思路，攻坚克难，狠抓落实，推动广西科技工作者状况调查站点体系建设取得显著成效。具体工作经验可以总结为以下 10 个方面。

（一）高度重视，高位推进，强化站点体系建设顶层设计

广西科协始终高度重视科技工作者状况调查站点体系建设工作，层层加强组织领导，强化顶层设计，做实布局谋篇，做到了高位谋划、高质推进。

1. 高起点谋划，将站点体系建设纳入科协重大战略规划

为确保站点建设高起点起步，高质量推进，广西科协将站点体系建设纳入

重大战略规划，并作出部署安排，为站点体系建设指明了方向和提供了工作遵循。如在《广西壮族自治区科学技术协会事业发展"十三五"规划（2016—2020）》中提到要健全完善科技工作者状况调查制度。加强对广西区域国家级科技工作者状况调查站点和广西省级科技工作者状况调查站点的建设和管理，拓宽党和政府同科技工作者之间的双向沟通渠道。充分发挥站点作用，及时反映科技工作者意见、建议和呼声。建立完善经常化、制度化、规范化的科技工作者状况调查制度，全面了解广西科技工作者队伍总体状况、变化趋势等。积极组织力量围绕科技工作者关心关注的科技体制改革、科技人才政策制定完善等开展调研，为自治区党委、政府制定相关政策提供参考和依据。

2. 高标准落实，将站点体系建设纳入科协年度工作重点计划

广西科协将科技工作者站点体系建设以及科技工作者专项调查纳入到每年的年度工作重点计划任务中，做到站点体系建设工作与广西科协重大年度工作一起谋划、一起部署、一起落实、一起检查，确保站点工作高标准落实。如在2019年广西科协工作要点中提出要搭建科技工作者状况调查研究平台，积极收集"科界传声"，继续在全区科技工作者比较密集的工业园区、大中型企业、大型医疗机构、高校和科研院所、科协组织等布局建立一批科技工作者调查站点，为科技工作者搭建起畅通的与党委政府双向沟通的渠道，让党委政府更准确把握科技工作者群体的基本状况、发展态势，为科技工作者提供多层次多样化的政策宣传、信息沟通、诉求反馈、成长助力等服务。2018年广西科协工作要点则提出要凝心聚力汇集创新智慧力量，不断深化科技工作者状况调查站点建设，优化站点布局，加强站点管理和工作培训，深入开展科技工作者状况专项调查及研究，积极收集和反映科技工作者的呼声建议；2016年广西科协工作重点任务指出要加强对科技工作者状况调查及研究，继续建设完善我区的科技工作者状况调查站点体系，加强站点管理，收集编发站点信息，积极反映科技工作者的意见及诉求，依托调查站点继续做好科技工作者状况的各项调查研究工作，为自治区党委政府做好新常态下的科技人才工作提供决策参考等。

（二）明确职责，细化分工，构建上下联动、层层贯通的站点建设责任体系

建立科技工作者站点最根本的宗旨就是"为科技工作者服务"。因此，自省级站点设立以来，广西科协不断强化责任意识和担当意识，明确了自身与各区域部门的职责定位，细化任务分工，构建责任清晰、各负其责、合力推进的站点工作建设责任体系，确保各项工作落实到位。其中广西科协关于科技工作者状况调查站点的职责包括：接受中国科协委托，负责管理、联系和指导广西区域国家级调查站点开展工作；负责区域内国家级调查站点的调整、推荐等相关工作；负责制定发布省级调查站点发展总体规划和调查站点管理规范；确定调查站点的数量、类型及分布；审核批准各市科协上报的调查站点设置方案；为调查站点正常运行和市科协管理工作提供必要经费；统筹安排调查站点工作任务；举办调查站点培训班或工作会议，依据调查站点运行周期和考评结果对调查站点进行相应调整，对表现突出的市科协及其工作者、调查站点及调查员给予表彰激励等；深入市科协和调查站点调研指导；组织实施全区范围的科技工作者状况调查；根据站点信息编发《科技工作者状况调查站点信息摘报》，并有针对性地向自治区党委、政府及有关部门反映。

各市科协关于科技工作者状况调查站点的职责包括：接受广西科协委托，协助联系国家级调查站点，协助做好辖区内国家级调查站点的调整、推荐等工作；根据广西科协省级调查站点总体规划遴选、推荐本区域内的调查站点，核准调查员人选；负责本区域内调查站点日常联系和管理；组织本区域内调查站点工作人员参加广西科协组织的业务培训和相关活动；督促指导本地区调查站点按时保质保量地完成广西科协布置的问卷调查、信息报送和其他调研任务；结合本地实际，完善科技工作者状况调查制度，加强制度建设，组织开展调查人员培训，定期开展专题调研活动，建立向上级党委政府报送调研成果的渠道和制度。

（三）科学谋划，统筹兼顾，建立分类科学、布局合理、管理有效的站点建设运行体系

科技工作者状况调查站点是党和政府联系科技工作者的桥梁和纽带，反映科技工作者最普遍、最具代表性、最突出的问题是科技工作者状况调查站点的主要职责。因此，科技工作者状况调查站点的部署十分重要。广西科协在多年的实践探索中，总结归纳了一套站点科学谋划布局、高效有序管理的工作流程和标准，在站点的建设运行中发挥了重要的支撑和保障作用。

1.确立站点遴选工作标准，确保站点建设科学、合理、有效

为了确保科技工作者状况调查站点体系获得的数据客观、全面地反映整个广西科技工作者的总体现状和发展趋势，所以站点的部署需要充分考虑以下四个因素：站点设立的数量、站点迭代的周期、站点包含的类型、站点在各地域的分布。经多年的探索，广西科协总结出了科技工作者状况调查站点遴选经验，并将其写入了新修订的《广西科技工作者状况调查站点设立和管理办法（修订）》中，形成了以下四大原则：

（1）整体性原则，即设立调查站点要覆盖广西全区各地级市，并在有关自治区学会、高校科协、科研院所设立调查站点。

（2）重点性原则，调查站点主要选择科技工作者比较集中、在广西科技工作中有较大影响的科研机构、大中专院校、大型企业和中学。

（3）科学性原则，站点设立要充分考虑科技工作者在各市级区域的分布密度、当地经济发展水平和科技工作者的总量等因素，按比例确定调查站点的数量，并综合考虑不同行业和类型科技工作者对经济社会发展的影响程度。

（4）保障性原则，调查站点所在单位原则上应设有科协组织，具备网络通信等基本工作条件；调查站点所在单位要积极支持调查工作。

2.规范站点遴选工作流程，确保站点建设规范化、务实化、常态化

遴选站点工作，需要取得各市县科协的配合，进而才能将站点遴选工作细化、常态化。鉴于这一因素，广西科协充分重视发挥各市县科协的力量推动站点遴选工作，并总结梳理了一套遴选站点的工作流程。具体包括：

（1）根据站点的总体部署要求明确每年需要迭代站点的类型、区域，物色符合条件的后备站点，将站点遴选任务分配到各市县科协。

（2）由各市县科协积极向后备站点单位宣传开展科技工作者状况调查的意义，介绍调查站点的职责任务，争取得到有关单位尤其是单位领导对站点工作的重视和支持。

（3）请备选单位遴选站点责任人，邀请站点责任人参加站点培训会，站点培训会后站点才可正式运行。

3. 明确站点类型遴选原则，确保站点建设覆盖面广、带动性强、可持续性好

为确保站点建设覆盖面广、带动性强、可持续性好，广西科协在借鉴中国科协站点类型遴选标准的基础上，结合广西实际，提出了省级站点类型遴选应遵循的主要原则，并写入了《广西科技工作者状况调查站点设立和管理办法（修订）》，形成了制度遵循。目前广西科协站点类型选择遵循以下四个原则：

（1）调查站点的遴选类型要多样化，统筹兼顾到不同区域、不同领域、不同单位类型等各方面因素。

（2）调查站点主要选取区域内科技工作者相对集中的企业、事业和民办非企业等单位。

（3）重点单位的选取应综合考虑单位科技工作者的总量、单位行业类型、单位的区域分布、该单位对当地和全区经济社会发展的影响力等因素，重点单位包括大中型企业、科研机构、大中专院校等。

（4）大中型企业限指规模较大、在当地知名度较高、影响力较大的企业，科研机构限指科技工作者比较集中、从事自然科学研究的机构，大中专院校限指广西区内的大中专学校。

在省级科技工作者状况调查站点类型方面，在调查站点刚设立时，广西省级科技工作者状况调查站点类型只有五类，即县级科协、大中型企业、学会站点、大中专院校和卫生医疗机构。随后在第二年增加了科研院所和工业园区类站点，在第四年增加了中学类站点，至此广西省级科技工作者状况调查站点类型已成形。在接下来的几年里，广西科协积极联系各类科技工作者密集群体，进一步拓展了科技工作者状况调查站点的种类，如增加了河池市职业教育中心学校、贺州市林业局、玉林市老科学技术工作者协会等新类型站点（表5-1）。

表5-1　历年广西省级科技工作者状况调查站点类型分布（单位：个）

年度	县级科协	大中型企业	科研院所	学会站点	大中专院校	中学	工业园区	卫生医疗机构	总计
2019—2020	7	11	6	11	13	3	4	5	60
2018—2019	7	11	9	10	13	3	3	5	61
2017—2018	9	14	14	13	13	5	5	6	79
2016—2017	10	12	13	12	16	6	4	6	79
2015—2016	13	12	11	9	18	6	6	5	80
2014—2015	13	12	10	9	18	6	8	5	81
2013—2014	14	13	4	9	13	0	1	2	56
2012—2013	14	14	2	9	13	0	1	1	54
2011—2012	14	10	0	10	10	0	0	1	45

在国家级科技工作者状况调查站点类型方面，近几年一直保持着16个站点的数量，涵盖县级科协、大中型企业、科研院所、大中专院校、中学、工业园区、卫生医疗机构七大类，各类型站点数量相对固定，站点到期后由区内较好的省级科技工作者站点替换（表5-2）。

表5-2　历年广西国家级科技工作者状况调查站点类型分布（单位：个）

年度	县级科协	大中型企业	科研院所	大中专院校	中学	工业园区	卫生医疗机构	总计
2019	2	2	3	2	2	3	2	16
2018	4	2	2	2	2	2	2	16
2017	4	2	2	2	2	2	2	16
2016	4	2	2	2	2	2	2	16
2015	4	2	2	2	2	2	2	16

4.加强站点更新迭代管理，确保站点建设科学性、持续性、有效性

在保障报送信息质量的前提下，科技工作者状况调查站点的迭代可以及时了解基层科技工作者发生的新问题，为党委、政府及时提供真实、有效、具有代表性的决策依据，因此在日常的管理过程中，广西科协十分注重站点的新旧交替，从2012年起就启动了站点的优化调整工作，确保站点建设科学性、持续性、有效性。广西科协优化调整站点考虑的因素主要有三点：

（1）每年根据统筹布局和发展的需要，适当新增站点，新增站点由各市科协联系推荐。

（2）撤换不合格站点，对不履行工作职责，年度考核不合格的站点及时撤换。

（3）定期轮换站点，根据保证站点工作科学性、活力的需要，对运行4年的站点进行轮换。

2011—2019年广西省级科技工作者状况调查站点调整情况，除2018年省级站点迭代率为14.75%外，其余年份迭代率均在20%以上，保障了调查站点能不断吸纳新鲜力量（表5-3）。

表5-3　2011—2019年广西省级科技工作者状况调查站点调整情况（单位：个）

年　　份	保留数	新增数
2011	45	0
2012	36	18
2013	40	15
2014	35	46
2015	64	16
2016	64	15
2017	61	18
2018	52	9
2019	49	11

5. 注重优化调整站点布局，确保站点区域分布合理性、协调性、平衡性

站点区域分布是决定信息全面性、精准性、代表性的重要因素之一。2010年，在广西省级站点刚设立之初，各市站点数量分布差异较大，由广西科协直接负责的站点数达到15个，占总站点数的28%，而在钦州、贺州、贵港、防城港、来宾等科技工作者工作密集度相对较低的城市，站点数量较少，只有1～2个。为了确保站点区域分布合理性、协调性、平衡性，广西经过多年的优化调整，实现了广西各地区的站点分布数量比例相对平均且固定，基本保持在3～4个范围内（表5-4）。

表5-4　历年广西科技工作者状况调查站点区域分布情况（单位：个）

区域	2010—2011	2011—2012	2012—2013	2013—2014	2014—2015	2015—2016	2016—2017	2017—2018	2018—2019	2019—2020
南宁	4	4	4	4	6	6	6	6	4	4
柳州	4	4	4	4	6	6	6	6	4	4
桂林	5	4	4	5	6	6	6	6	4	4
北海	3	3	3	3	4	4	4	4	3	3
玉林	3	3	3	3	5	5	5	5	4	3
梧州	3	2	3	3	5	5	5	4	4	4
百色	3	2	3	3	5	5	5	5	4	4
贺州	2	2	3	3	5	5	5	5	3	3
钦州	1	1	3	3	4	4	4	4	3	3
贵港	2	2	3	3	5	5	5	5	3	3
河池	3	3	3	3	5	5	5	5	4	4
防城港	2	2	3	3	4	4	4	4	3	3
来宾	2	2	4	3	5	5	4	4	4	4
崇左	2	2	2	3	5	5	5	5	4	4
区直	15	9	9	9	11	10	10	11	10	10

（四）量化指标，分类考评，建立健全分层分类的站点工作考核评价体系

为了充分调动国家级站点、省级站点、市科协开展站点工作的自觉性、积极性和主动性，确保站点体系有序高效运作，广西科协全面梳理站点工作重点关键点，用好站点工作考核评价这个"指挥棒"，督促各站点管好主业，把"责任田"精耕成"高产田"。通过细化指标体系、丰富考核手段、量化评价标准、强化结果运用，建立了一套公平、公正、合理的绩效考核评价体系，实现了站点工作可量化、可监督、易考核，切实把站点的管理优势转化为发展优势和工作实效。

1. 明确考评对象，解决好站点工作"考评谁"的问题

抓好站点工作，落实责任是关键。站点工作考评必须抓住重点对象，考准考实站点责任主体，确保站点工作落到实处。由于各站点主体的特点不同，站点工作内容也存在差异，如广西国家级站点和省级站点采用不同的信息报送方式，两者问卷调查任务也有所不同，广西科协贴近实际，分门别类，将考评对象分为广西国家级站点、省级站点和市科协三个类别，分类进行考核评价，做到"一把钥匙开一把锁"，增强了考评的合理性和针对性。

2. 量化考评内容，解决好站点工作"考什么"的问题

站点工作责任考评要讲求实效，关键在于明确责任范围，细化考评指标。广西科协把每项工作、每个环节的站点工作内容都具体化、明晰化，制定面向国家级调查站点、省级调查站点和市科协等不同主体的站点工作目标责任管理分类考核评价办法，使站点工作考核考深入、考扎实，确保考核督促抓到位、严起来。

（1）构建"三级"独立考核评分标准体系。广西科协结合国家级站点、省级站点和市科协的不同情况设置分层分类的考核模块，明确了每一类的考评内容和具体量化考评指标，提高了考核的针对性和实效性。国家级科技工作者状况调查站点考核评分体系由站点培训情况、信息报送情况、全国调查问卷任务完成情况、广西调查问卷任务完成情况、站点评优情况5项考核标准组成。省

级科技工作者状况调查站点则由站点培训情况、信息报送情况和调查问卷任务完成情况 3 项考核标准组成。市科协考核评分标准由区域站点培训情况、区域信息报送情况、区域问卷调查完成情况和区域站点评优情况 4 个项考核标准组成。各类考核标准的量化指标见附件。

（2）创新建立了"动静两态"评级评优标准。在评级评优方面，国家级和省级科技工作者状况调查站点都设立了 A、B、C、D 四个评级等级（分别对应着优秀、合格、基本合格、不合格四种含义）和 AAA、AA、A 三个评优等级。对于科技工作者状况调查站点考核评级，广西科协一直坚持着高标准、高要求的原则，实行"动静两态"评级评优。"静态"是指在评级评优过程中，每个评级等级都设置了一个基本条件，站点必须达到相应等级的基本条件后才能按分值进行评级评优。比如：

对于省级站点 A 级的基本条件则包括三条：参加年度全区调查站点工作培训班；全年度报送有效信息 4 篇，其中按季度报送信息 4 篇，获采用不少于 1 篇；完成年度问卷调查任务得分 90 分以上。同时，为进一步调动站点工作人员的积极性，提高站点的荣誉感，广西科协对国家级站点、省级站点、市科协的评级评优分数线采取动态制，每年根据站点总数按一定比例设置 A、B、C 三个评级标准线以及 AAA、AA、A 三个评优标准线。

在市科协的站点工作考核方面，考虑到市科协的职责是协助广西科协进行区域内科技工作者状况调查站点管理工作，因此考核评级以鼓励为主，只设置了 AAA、AA、A 三个评优等级，且每年按一定比例设置 AAA、AA、A 三个评优等级数量。

3. 强化激励导向，解决好站点考评结果"怎么用"的问题

表彰作为褒扬先进的一种重要形式，对推动站点建设、促进任务完成发挥着很好的作用。广西科协强化表彰激励导向，将站点考核结果作为评级评优、站点更新迭代的重要依据，并在每年召开的全区科技工作者状况调查站点培训班上，对优秀区域责任部门、优秀（先进）站点、优秀调查员进行表彰和激励，引领广西国家级站点、省级站点、市科协和全区科技工作者在强化站点规范化管理、加强信息报送、积极完成调查任务等方面发挥积极作用，凝聚起强大合力。

（五）创新方式，拓宽思路，建立便捷高效、特色突出的站点信息采集报送运行模式

信息工作是科协向党和政府反映科技工作者意见、建议的重要渠道，是各级科协组织之间交流经验、互通情况的重要方式，对于做好科协"四服务"工作有着重要的作用。近年来，广西科协把信息服务作为沟通情况、交流经验、服务经济社会发展的重要抓手，列入站点重点工作，采取有效措施强化信息服务意识，创新信息服务方式，扩展信息服务渠道，丰富信息采集内容，使信息报送成为反映经济动态和社会焦点的"看台"，展示思路与方法的"窗台"，体现生机与活力的"舞台"，提供锻炼与探索的"平台"，参与交流与合作的"擂台"，使信息工作成为推进科协事业发展的重要手段，成为展示科技工作者形象、动员广大科技工作者投身全面建设小康社会的伟大实践的重要方式，促进了科协各项事业的全面发展，为党委政府科学决策提供了科学依据和智力支持。

1. 创新信息服务方式，推动信息报送从邮箱向平台转变

2010—2012 年，广西省级科技工作者状况调查站点信息报送采用邮箱报送方式，需要消耗大量的人力精力进行统计，加之信息报送本身具有时间紧、时效性强、工作量大、审核严等特点，采用邮箱报送的方式导致信息采集上报工作效率低。为更好地、更高效地、更方便地报送和接收站点信息，2012 年，广西科协建立了网上调查站点工作平台，将站点信息报送由邮箱报送变成平台报送，大大提高了审查效率。

2. 丰富站点信息类型，扩大了信息采集覆盖面和提高了信息服务影响力

作为为科技工作者传声的重要渠道，信息报送不应仅仅是反映问题，还要注重传播正能量，树立榜样典范，为站点营造良好的氛围。2016 年，广西省级科技工作者状况调查站点信息报送数量达到顶峰，但许多站点反映，站点经过多年的运营后，问题诉求类信息报送已进入"难产期"，虽然有效信息率不断提高，但高质量信息却没有明显提升。为解决这一问题和充分发挥先进典型的榜样引领作用，广西科协转变思路，将科协宣传职责与科技工作者状况调查站

点的功能紧密结合起来，增加了调查站点了解科技工作者所做出的突出贡献，宣传优秀科技工作者先进事迹职责，丰富站点信息类型，增加人物宣传类、决策咨询类站点信息，并明确了调查站点报送信息要坚持"以反映问题诉求类信息为主，人物宣传类、决策咨询类信息为辅"的原则，实行"2+2"的形式进行报送。其中，第一个"2"是指每个站点每年必须报送 2 篇问题诉求类信息；第二个"2"是指每个站点每年可报送 2 篇任选类型信息。2016—2019 年，新的站点信息采集报送模式实施以来，广西科协共收到有效人物宣传类信息 187 篇，决策咨询类信息 50 篇。其中获得广西科协采用的人物宣传类信息 38 篇，刊载在广西科协微信公众号、科技工作者微信交流群中，得到了广大科技工作者的高度认可和充分肯定，提升了科技工作者的获得感、荣誉感和幸福感。

3. 完善信息激励机制，充分调动和激发站点及科技工作者报送信息的积极性

在站点信息报送的激励举措上，广西科协将物质激励和精神激励有机结合，将激励与惩罚有机结合，对获得广西科协、中国科协采纳刊登和中国科协、自治区党政领导批示的信息稿件都给予物质激励，同时授予精神激励。对不按时按要求完成季度工作任务的站点，取消本季度站点补贴。通过实施奖罚分明的信息激励机制，充分调动和激发了站点及科技工作者报送信息的积极性。广西国家级站点和省级站点的信息报送基本补贴和信息采纳补贴具体如下：

（1）对于国家级科技工作者状况调查站点，在信息报送基本补贴上，实行国家级调查站点季度和年度考评工作相结合制度。国家级调查站点按时按要求完成季度工作任务的，每季度给予站点 300 元工作补贴，每年发放一次。对不按时、不按要求完成季度工作任务的站点，不予补贴。对调查站点完成任务以外多报送的有效信息，给予每篇 100 元的补贴。对于采纳的信息，国家级调查站点报送的信息被广西科协采用的，每篇给予 300 元工作补贴；报送中国科协被采用的，每篇给予 400 元工作补贴；同一篇信息被广西科协和中国科协采用的，每篇给予 500 元工作补贴；获得中国科协、自治区党政领导批示的，每篇给予 1000 元工作补贴。

（2）对于省级科技工作者状况调查站点，调查站点按时按要求完成季度站点信息报送任务的，由广西科协每季度给予 200 元补贴，每年度发放一次。对履行职责差、不按时、不按要求完成季度工作任务的站点，取消本季度补贴。在信息采纳补贴上实行分类发放。问题诉求类信息：被广西科协《站点信息摘报》采用的，由广西科协每篇给予 300 元工作补贴；同一篇信息经广西科协推荐被中国科协《站点信息》采用的，每篇给予 400 元工作补贴；获得中国科协、自治区党政领导批示的，每篇给予 1000 元工作补贴。人物宣传类信息：经广西科协组织宣传部推荐，被广西科协所属媒体（《南方科技报》《广西科协》《广西科协网》）采用的，每篇给予 400 元工作补贴；同一篇信息获自治区级主要媒体（《广西日报》《南国早报》《当代广西》）采用的，每篇给予 500 元工作补贴；获得中央级主要媒体（《人民日报》《科技日报》《科学时报》《中国青年报》等）采用的，每篇给予 1000 元工作补贴。决策咨询类信息：经广西科协组织宣传部推荐，被广西科协（《科技创新智库成果专报》《广西科技工作者建议》）采用的，由广西科协每篇给予 500 元工作补贴；同一篇信息被中国科协（《科技界情况》《科技工作者建议》《调研动态》）采用的，每篇给予 600 元工作补贴；获得中国科协、自治区党政领导批示的，每篇给予 1000 元工作补贴（表 5-5）。

表 5-5　2010—2019 年广西省级科技工作者状况调查站点信息报送情况

报送时间	站点数 / 个	报送信息 / 篇	站点信息报送均数	有效信息 / 篇	有效率 / %
2010 年 6 月—2011 年 5 月	54	94	1.74	84	89%
2011 年 6 月—2012 年 5 月	45	143	3.18	130	91%
2012 年 6 月—2013 年 5 月	54	166	3.07	152	91%
2013 年 6 月—2014 年 5 月	55	171	3.22	163	95%
2014 年 6 月—2015 年 5 月	81	284	3.51		
2015 年 6 月—2016 年 5 月	80	316	3.95	305	96%
2016 年 6 月—2017 年 5 月	79	310	3.92	300	96%
2017 年 6 月—2018 年 5 月	79	280	3.54	266	95%
2018 年 6 月—2019 年 5 月	61	237	3.89	221	93%

（六）合理规划，灵活使用，最大限度提高站点经费的使用效益

站点经费是有效推动站点工作开展的重要保障，也是调动站点和科技工作者积极性的重要抓手。广西科协每年关于站点方面的经费预算共分为两大部分，一部分是站点运行管理经费，包括分发到每个站点的基本运营经费、每年用于站点培训的经费以及每年用于表彰优秀科技工作站点、联络员以及优秀站点信息的经费。另一部分是课题经费，即围绕科技工作者开展研究的课题经费。不同于其他发达省市，由于受地区经济发展限制，广西科协每年可分配科技工作者状况调查站点的经费十分有限，每年分配到每个省级站点的运行经费仅有 2000 元，因此必须合理的规划经费使用。经过多年的实践，广西科协探索出了一套适用于自身且富有成效的经费使用方法。

1. 转变经费激励对象，将经费使用由激励站点向激励人员转变

在站点经费预算十分有限的条件下，为充分调动科技工作者参与站点建设的积极性和主动性，让站点建设有温度、有热度、有深度，广西科协调整了经费使用原则，将经费从传统的用于激励站点积极配合开展调查站点工作向用于激励人来推动站点工作持续高效运行转变。并且根据参与主体的工作性质和工作内容等，明确了激励的方向，提高了激励的针对性和有效性。激励方向主要有两个方面：①激励参与调查的科技工作者，鼓励站点使用部分经费奖励参与问卷调查的科技工作者，使他们减少对问卷调查工作的抗拒；②激励站点联络员，对完成信息报送任务的站点联络员给予基本的物质激励，费用不经过单位，直接发放给站点联络员。

2. 创新经费使用方式，全面盘活资金提升使用效益

针对部分站点反馈的经费开支范围过窄、经费使用受限等问题，广西科协在广泛听取调查站点意见的基础上，改变经费全部下拨给站点的做法，把站点经费分为基本运行费、参加全国培训和学习考察活动费、站点信息工作补助、考评激励费用等几个部分，由区域责任部门统筹管理使用。广西科协通过改变经费使用方式，把原来使用不便和使用不到位的站点经费，真正地盘活使用到

开展站点工作本身和站点工作人员的实际利益上，大大地激发了站点工作的积极性，提升了资金使用效益。

3.分级分类规划经费，对国家级站点和省级站点实行两套不同的经费使用标准

鉴于国家级站点和省级站点的工作内容、承担任务等存在一定差异，为更高效使用经费，广西科协对国家级站点和省级站点实行两套不同的经费使用标准。具体如下：

（1）对于国家级科技工作者状况调查站点，年度经费主要由中国科协提供，包括站点运行管理费和调查项目补助费两部分。广西科协对中国科协下拨的调查项目补助费根据项目完成情况直接转拨站点或相关调查员及信息员；对下拨的站点运行管理费则着眼于提高经费的使用效率，根据实际情况进行细分管理。将经费细分为：国家级调查站点基本运行费、参加全国站点培训会议费、站点信息工作补助、年终考评激励费用四个部分，分别占25%、45%、15%和15%。站点基本运行费由广西科协直接向国家级调查站点下拨，专款专用；其他费用由广西科协根据组织调查站点开展活动需要及工作考核评比等情况统筹开支。

（2）对于省级科技工作者状况调查站点，目前站点工作经费由调查站点运行经费、区域责任部门管理经费两部分构成，其中每年每个调查站点运行经费为2000元。开支范围主要用于调查站点或市科协组织召开科技工作者座谈会、开展站点工作调研、组织站点调查员学习培训、开展科技工作者问卷调查、组织站点信息采写及报送、支付站点信息工作补贴、开展站点工作激励等方面。

（七）健全制度，增强互动，推动站点管理科学化、制度化、规范化

1.着眼于提高管理效率，实行分类分级划分管理模式

广西科协对广西科技工作者状况调查站点实行分类分级划分管理模式，即分管领导重点督促，部长直接负责，并安排一名学会部副部长具体管理站点工

作事宜，职责到人，层层落实的管理模式。

2. 着眼于加强规范管理，建立健全站点管理制度

为了更规范地管理好站点，广西科协还专门出台了对应的管理办法，并进行了多次修订。①针对国家级科技工作者状况调查站点，广西科协出台了《广西国家级科技工作者状况调查站点管理暂行办法》。②针对省级站点，广西科协出台了《广西科协科技工作者状况调查站点设立和管理办法》，并根据实际情况，分别在 2012 年和 2016 年对管理办法进行了修订。③针对区域责任部门，广西科协在 2012 年 6 月 1 日出台了《广西科技工作者状况调查站点及区域责任部门工作考评办法》。该办法是在遵守和执行《广西科技工作者状况调查站点设立和管理办法》的前提下，针对省级调查站点和区域责任部门（市科协）工作考核评比等活动所作的相关规定，明确了区域责任部门（市科协）以及省级调查站点工作考评内容。

3. 着眼于提高人员素质，定期举办站点培训班

为进一步加强站点工作的规范化水平，不断提高站点调查员队伍的素质，广西科协每年定期举办全区科技工作者状况调查站点培训班，邀请领域内知名专家授课，重点开展业务能力、理论水平、政策法律法规和各项站点制度等培训，进一步提升站点调查员的综合素质，为站点发展提供有力人才保障。

4. 着眼于增强站点互动，深入开展走访调研

广西科协注重增强站点互动，增进与站点之间的联系沟通。在每年的培训班期间广西科协还同时召开广西区域国家级科技工作者状况调查站点负责人座谈会和区域责任部门负责人座谈会，了解各科技工作者状况调查站点和区域责任部门的具体情况，加强广西科协与调查站点的联系和互动。2019 年，在钦州举行的调查站点培训会中，广西科协首次增加了科技工作者调查成果反馈，让调查站点负责人了解自己参与调查获得的成果，增强科技工作者状况调查站点负责人的获得感和成就感。同时，为加强与科技工作者状况调查站点的联系，广西科协坚持每年到一些站点走访调研，与站点单位有关领导座谈交流，宣传站点工作的重要意义，解答站点提出的相关问题，争取站点单位领导对站点工

作的重视和支持，从而增强站点工作人员的责任感、自信心和积极性，推动站点工作顺利开展。

（八）全程跟踪，层层把关，建立健全科技工作者问卷调查工作模式

依托站点开展调查是科技工作者状况调查站点的主要任务之一，经过多年的实践，目前广西科协分别针对中国科协下达的面上调查任务和自身设立的专项调查任务形成了两套较为完善的工作模式。

1. 事前、事中、事后全过程跟踪面上调查任务工作模式

对于中国科协下达的面上调查任务，广西科协建立了安排专员事前、事中、事后全过程跟踪的工作模式确保各站点按时按质按量完成任务。事前，除中国科协在国家级站点平台上发布通知外，广西科协还利用联系群向各广西区域内国家级站点工作负责人发送调查任务通知，确保每位站点工作负责人能及时知晓本站点的调查问卷任务；事中，广西科协专员定期提醒和督促各调查站点工作负责人按时完成调查问卷任务，对调查任务完成情况较差的站点进行重点跟踪；事后，将每次站点调查问卷任务完成情况纳入站点年度考核，对调查问卷任务完成情况较差的站点进行替换。

2. 第三方跟踪辅助管理专项调查课题任务工作模式

为全面准确了解广西科技工作者生活、工作中存在的突出问题，为自治区党委政府建言献策，广西科协充分发挥科技工作者状况调查站点调查作用，从 2010 年起开始设立专项调查课题，开展了广西首次科技工作者状况调查研究，并建立起了科技工作者状况调查机制，每年进行一次科技工作者状况专项调查。经过多年的摸索，广西科协形成了一套较为成熟的专项调查课题任务模式。整个调查专项的具体流程为：①在全区范围内征集专项调查项目选题；②对征集到的选题进行初步筛选，选出一部分选题；③向入选第二轮选题提出单位发出邀请函，邀请参加选题策划会；④组织专家和选题提出单位的代表召开选题策划会，策划会主要有四个流程：选题提出代表简要阐述选题背景和意义、专家发表个人意见、选题提出代表自由发言交流、专家独

立投票选出立项选题，然后在科协官网公示，公示无异议确定专项调查课题；⑤广西科协与专项调查课题提出单位签订任务书，委托课题承担单位按课题要求设计调查问卷，并交广西科协审核；⑥审核通过后，分配各站点调查问卷数量，制定调查问卷指导手册，在第三方调查问卷网站发放问卷，向各站点以及市科协发布调查任务通知；⑦在调查问卷填写期间，安排专员定期统计发布各站点填答情况，督促各站点按时完成调查任务；⑧在调查任务结束后，统计各站点任务完成情况并纳入年度考核，在年度科技工作者状况调查站点培训会上通报任务完成情况，对调查问卷任务完成情况较差的站点进行替换（图5-3）。

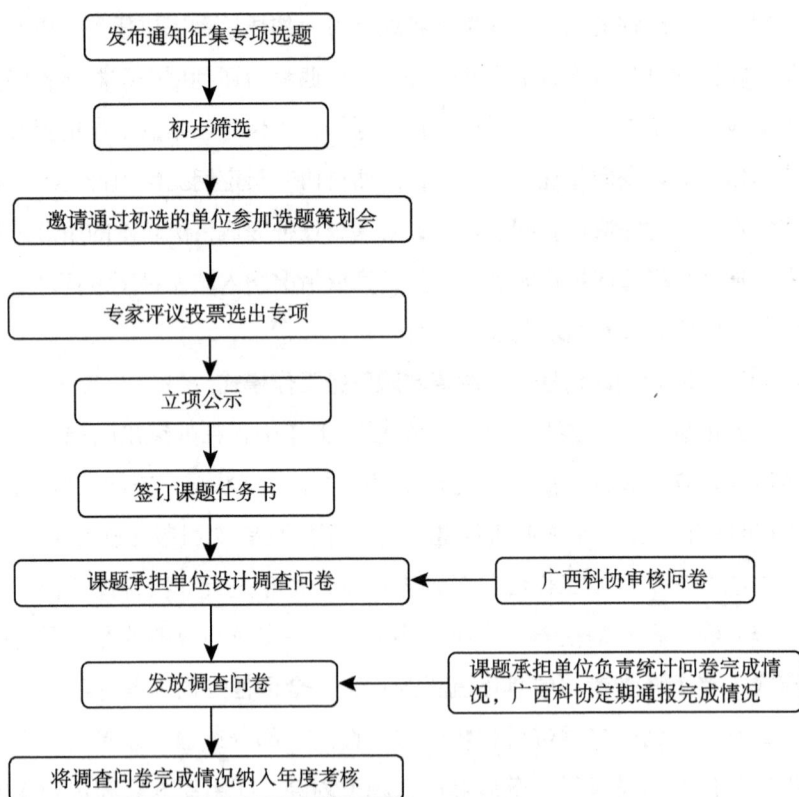

图5-3　广西科协科技工作者状况调查专项流程

近年来，广西科协以科技工作者为对象，围绕国家、自治区党委、政府出台的科技政策的核心、重心以及科技工作者们工作中、生活中关注的焦点、难点、堵点开展了一系列专项调查。2010—2019 年，广西科协共设立了"广西首次科技工作者状况调查研究""广西科技工作者事业发展需求及发挥作用状况调查研究报告""广西科技工作者科学道德与学风建设调查研究报告""广西科技工作者职称评定及继续教育调查研究报告""广西第二次科技工作者状况调查研究""广西发展众创空间推进大众创新创业的对策研究""广西科技人才政策效益实证分析研究""创新驱动发展背景下广西创新创业人才培养研究""广西科技工作者对我区创新驱动发展政策的评价分析研究""创新驱动背景下科技成果转化政策落实情况评价分析研究""抢才大战背景下广西吸引留住青年科技人才的对策研究""广西科技工作者对科研激励现状评价调查"等12 项科技工作者调查研究课题，共开展了 10 次专项调查和 2 次综合性调查，取得了一批高质量研究成果，通过《科技创新智库成果专报》《科技工作者建议》刊物向自治区党委、政府及有关部门报送，均得到了自治区领导的重视，成果获自治区领导批示超过 20 人次（表 5-6）。

表 5-6　2016—2019 年广西科协开展全区科技工作者问卷调查情况

年度	调查问卷名称	问卷形式	问卷数量 / 个	产出成果专报
2016	广西科技创新创业人才状况调查问卷	线下问卷	2294	《优化广西科技人才创新创业环境的建议》
2017	广西科技工作者对创新驱动发展政策的评价相关情况调查问卷	线上问卷	3006	《广西创新驱动发展政策实施现状及对策建议》
2018	广西科技工作者对科技成果转化政策评价调查问卷	线上问卷	2170	《创新驱动背景下广西科技成果转化政策实施效果评价研究》
2019	广西科技工作者对科研激励现状评价调查问卷	线上问卷	2155	《关于优化我区科技工作者科研激励政策的建议》

（九）发挥优势，强化服务，全面拓宽科技工作者状况调查站点服务功能

针对站点服务功能单一问题，广西科协基于站点独特的资源优势，最大限度地挖掘站点附加值，不断提高站点服务能力和影响力。

1. 聚焦服务科技工作者，扩展课题资助对象

广西科协以科技工作者状况调查站点作为媒介，积极为站点科技工作者服务。如扩展了广西科协资助青年科技工作者专项课题的资助对象，鼓励广西区域国家级科技工作者状况调查站点、广西科技工作者状况调查站点青年科技工作者参与申报。自拓展资助对象以来，国家级科技工作者状况调查站点、省级科技工作者状况调查站点青年科技工作者的踊跃参与，一些站点青年科技工作者获得了广西科协的资金支持。此外，广西科协还积极鼓励、帮助广西区内的科技工作者调查站点申报中国科协的相关研究项目。

2. 聚焦打造高端智库，推动站点工作与科技智库建设深度融合

2015 年 1 月 20 日，中共中央办公厅、国务院办公厅印发的《关于加强中国特色新型智库建设的意见》对中国科协提出了建设高水平科技创新智库的要求，即要求中国科协发挥推动科技创新方面的优势，在国家科技战略、规划、布局、政策等方面发挥支撑作用，使中国科协成为创新引领、国家倚重、社会信任、国际知名的高端科技智库。2016 年 1 月，广西出台的《关于加强广西特色新型智库建设的实施意见》，对广西科协提出了要充分发挥推动科技创新方面的优势，在全区科技战略、规划、布局、政策等方面发挥支撑作用，努力建成高水平科技智库的要求。因此广西科协主动对标自治区党委政府对科技智库建设发展要求，以科技工作者状况调查站点体系作为载体，不断加强科技创新智库的建设，积极为党委政府科学决策服务，引领广大科技工作者围绕自治区党委政府的重大决策部署创新争先。通过将站点建设与科技智库建设和决策咨询深度融合，广西科协凝聚了一批站点科技工作者参加智库建设工作，通过持续开展年度重大课题研究工作、开展好八桂科技英才建言、学术成果提炼转化等建言献策行动，以《科技创新智库成果专报》等刊物形式向党委政府提供

专业化咨询服务。

（十）依托载体，加强联动，打造广西"科界回响"品牌

为进一步提升科技工作者状况调查站点的知名度和影响力，广西科协依托站点建设这一重要载体，抓住"全国科技工作者日"等重要契机，加强各站点之间的互联互动，不断延伸拓展站点服务功能，联袂打造广西"科界回响"品牌，得到了自治区领导的高度肯定和广大科技工作者的积极点赞，效果明显，具体如下：

在每年的"全国科技工作者日"期间，广西科协依托遍及全区的科技工作者状况调查站点，向广大科技工作者征集《我在科技一线》《我的科路历程》《了不起科技人》《我为广西发展献一策》《我的心愿期盼》《我心中的科学家精神》《新时代科技人的新使命》《祝福科技工作者日》等微信视频、图片、书画和信息，并依托媒体平台开设《科技工作者宣传》专题特区，为广大一线优秀科技工作者宣传，形成新时代广西科技界的新回响，得到了自治区领导的高度肯定。

2019年，在"530"全国科技工作者日前夕，广西科协依托调查站点系统开展了"奋斗路上·科界回响"信息征集活动，得到了全区43个调查站点的支持，共报送了181篇信息。广西科协根据收到的材料制作了《点赞：了不起的科技人》，在"广西科协公众号""广西科协头条号"等微信公众号进行传播推广。据统计在5月23日，《点赞：了不起的科技人》在微信公众号超过4000阅读量。

从2015年11月至2019年8月，广西科协利用科技工作者站点信息和"全国科技工作者日"主题活动等途径收集了大量一线优秀科技工作者的人物素材，通过微信公众号、官方主页、媒体报纸等方式发表宣传报道共191篇，报道包括最美科技人、广西科技群英谱、"青科"骄子——广西科技青年风采录、"杰工"光荣、"创争"力量等多种类型，打造形成了独具广西特色的"科界回响"，为营造风清气正的科技环境提供了良好的氛围。从2019年起，广西科协已逐渐将集中人物宣传向常态化宣传转变（图5-4）。

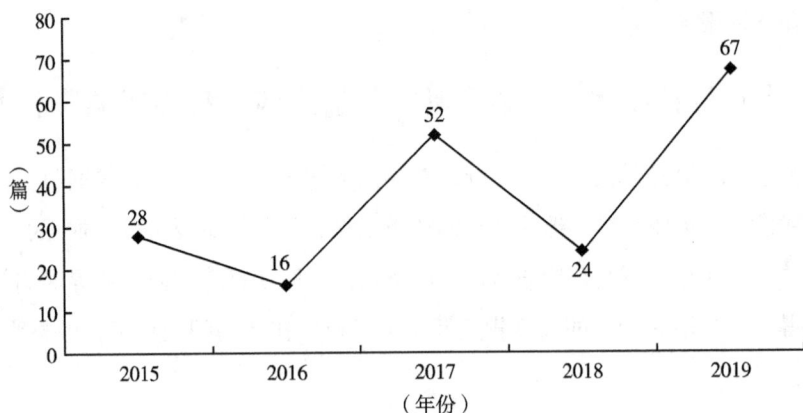

图 5-4　历年广西科协科技工作者宣传报道情况

四、目前存在问题

　　尽管近年来广西科技工作者状况调查站点数量、规模不断增加，调查站点体系不断完善，作用发挥不断增强。但同时广西科技工作者调查站点建设仍然存在着联系和服务科技工作者功能亟待拓展、调查执行效率不高、站点动态监测水平偏弱等诸多问题和挑战。

（一）各级站点体系建设水平差异大，区域发展不平衡

　　广西区域内市级科技工作者状况调查站点体系建设存在极大差距。目前在广西区内只有少数几个城市建立了市级科技工作者状况调查站点体系，且站点数量少，种类不全，作用难以发挥。具体表现在三个层面：①虽建站但功能发挥不足，一定程度上形同虚设。如南宁市科技工作者状况调查体系，该市是广西最早建立市级科技工作者状况调查点的地级市。作为广西首府，南宁市拥有丰富的高校、科研院所、企业作为站点资源，可以满足开展专项调查的需要。但是，目前南宁市科协尚未充分发挥调查站点的调查功能。②建站资源丰富却未建站。如柳州市、桂林市虽然拥有较为丰富的高校、科研院所、企业资源，但至今仍未建立起市级科技工作者状况调查站点体系。③建站所需资源匮乏未

能建站。如钦州市、来宾市、崇左市则因高校、科研院所资源匮乏，也尚未建立起市级科技工作者状况调查站点体系。此外，由于各市级科协财政预算差距较大，部分市级科协难以划拨资金投入到本地科技工作者状况调查站点建设，即使建站成功也没有固定经费预算稳定维持站点的日常运营，更难以通过科技工作者状况调查站点开展调查。

（二）经济欠发达地区后备储蓄站点资源不足，站点体系固定陈旧

在广西区域内一些经济、科技欠发达地区，由于地区经济、科技发展水平相对落后，区域内符合设立科技工作者状况调查站点条件要求的单位、企业较少，再加上科技工作者状况调查站点的设立无强制性要求，除配合完成调查问卷任务外，还需要按季度反馈报送本单位存在的问题，出于信息保密原因，部分符合条件的单位不愿在本单位设立科技工作者状况调查站点。这些地区由于后备储蓄站点资源不足，导致站点更替只能在少数的一些单位来回轮换，报送的站点信息质量同质性较高。

（三）站点经费总体少，部分站点经费难以支出

科技工作者状况调查站点经费是保障站点稳定、持续运行的关键。目前省级站点运行的经费仍存在两个问题：

（1）站点运行经费总量偏少，客观上影响了调查的质量和成效，同时站点运营经费较少也是阻碍站点职能发挥的突出问题。广西国家级科技工作者状况调查站点每年每个的经费为 1 万元，省级调查站点每年每个的经费为 2000 元，这些基本运营经费难以满足调查站点工作人员开展基本的调研活动，尤其是科技工作者数量较多的站点，如高校、国有大中型科技企业、医疗机构等科技工作者密集的单位，站点工作人员仅用少量的经费难以完成范围大、数量足的调查。

（2）受制于客观因素影响，部分站点经费难以支出。由于目前科技工作者状况调查站点的运营经费全部为财政拨款，站点运营经费直接转入单位统一账户，对于一些事业单位、国有企业一些激励经费无法发放，不仅无法调动站点

工作人员的积极性，还白白浪费站点经费，达不到经费的使用目的。

（四）站点与科技工作者联系不紧密，信息真实性有待加强

站点日常工作属于义务性工作，激励程度有限，导致一些站点工作人员责任心不强，对于站点工作态度不积极，缺少与科技工作者的交流和联系，难以获得真正有效的信息或获取的信息片面。同时，由于宣传不够，站点科技工作者对科技工作者状况调查站点重要性缺乏认知，导致站点内科技工作者对站点工作不配合，存在随意填写、乱填写现象，给后期调查数据清理工作增加了工作量。在信息方面，一些站点领导由于对科技工作者状况调查站点的运行机制不清楚，顾虑报送反馈本单位问题的信息会给单位带来不必要的麻烦，因此在站点工作人员报送站点信息的时候，严格把控，报送的信息往往只是一些不痛不痒的"小问题"，难以获得政府、相关部门领导的重视。

（五）调查执行效率不高，站点动态监测水平偏弱

面对科协改革和智库建设的新形势，调查站点需要更及时、准确地反映科技工作者情况，对科技界的舆情民意进行动态监测，及时发现苗头性和倾向性问题，为党委政府决策提供支撑。目前广西科技工作者状况调查站点体系采集数据的技术和手段不够先进，尚不能做到数据采集、跟踪、统计分析与预测于一体，在反映舆情民意的时效性方面偏弱。

（六）站点承载的功能单一，亟待进一步挖掘和拓展延伸

从整体上来说，广西科技工作者状况调查站点承载的功能还较为单一，大多停留在站点常规的服务功能上，没有及时根据工作的推进和形势的发展，对站点功能进行深度挖掘和拓展延伸。虽然目前广西的站点体系较为完善，但是对站点体系的利用并不到位。目前广西的调查站点主要定位于调查渠道和反映意见的通道，主动服务科技工作者的功能发挥不足。站点设在科技工作者密集的单位，与一线科技工作者距离最近，联系最密切，每个调查站点都应成为科协沟通联系科技工作者的工作站、服务站，成为"建家交友"的

有效载体，只为做调查而设置站点很难做好工作，甚至危及调查体系的正常运转。

五、加强站点建设的建议

（一）加强顶层设计，不断优化站点布局和结构

虽然广西科技工作者状况调查站点体系建立已有十年，经过不断地调整和优化，站点体系规模已基本成形，运行稳定，但是，在站点布局、设置上仍存在一些不合理、不科学的地方，在下一步工作中，广西科协将继续加强站点顶层设计，探索如何挖掘设立新的科技工作者状况调查站点，不断优化站点结构，调节各市站点数量分布、类型分布，使科技工作者状况调查站点体系能更全面、更完整、更及时地反馈广西科技工作者的真实状况。

（二）打破管理"红线"，确保调查站点高效稳定运行

站点运营经费较少、使用难是当前阻碍广西科技工作者状况调查站点职能发挥的突出问题。随着科技工作者状况调查站点的功能越来越强大、责任越来越大、任务越来越重，站点经费对站点也越来越重要，因此在下一步工作中，广西科协将努力争取提高调查站点工作经费的预算投入，加大对各级站点用于开展调研、组织问卷调查、信息报送、业务培训、表彰激励等的经费支持力度，不断优化经费的使用方式和预算结构，提升经费的使用质量。同时，针对部分企事业单位存在的站点激励性经费支出难的情况，广西科协将加强与财政、编办等部门以及站点领导的联系沟通，打破限制，实现站点激励性经费可用于发放至站点工作人员，充分调动站点工作人员积极性。

（三）强化决策支撑，推动站点与科技智库建设融合发展

建设高水平科技创新智库是党中央赋予科协组织的重要职责，在下一步工作中，广西科协将加强科技工作者状况调查站点体系建设与智库建设的有机结

合，拓展和延伸科技工作者状况调查站点功能，强化其在智库建设中的支撑功能和作用。广西科协将围绕科协智库建设，通过采取在站点调查课题中设置决策咨询信息报送考核指标、在站点年度工作目标中加强决策信息报送任务、加大站点信息获采纳批示的激励力度等举措，使科技工作者站点的数据与信息更好地发挥功能，为决策者优化决策提供数据与资源的支持，推动站点在广西科协构建的学术、科普、智库"三轮"驱动发展新格局中发挥更大的支撑作用。

（四）加强互联互动，提升解决问题的能力

报送、收集信息的目的是发现问题，然后解决问题。在下一步工作中，广西科协将积极加强与相关职能部门的交流和联动，探索建立长效的问题解决机制，将收集的具有代表性、突出性的问题及时反馈给相关部门，共同商讨研究解决问题的策略和措施。同时，广西科协将加强对科技工作者们的信息反馈，通过公众号、微博号、官方网站等途径不定期向科技工作者们发布解决问题的进程，让科技工作者感受到党委、政府对科技、科技工作、科技工作者们的重视，了解到党委、政府积极解决科技工作者们反馈问题的态度，提高站点科技工作者们的参与感、获得感与幸福感。

（五）强化站点功能，探索运用站点开展第三方评估工作

当前国家对科技政策落实落地评估工作日益重视和加强，在下一步工作中，广西科协将持续强化站点功能的开发，探索运用现有科技工作者状况调查站点体系，围绕广西科技发展战略、规划、政策、人才、项目、基地、制度等的实施效果、社会影响，向其他部门、社会群体提供有偿的第三方评估服务，将第三方科技评估作为下一阶段科协智库建设的战略重点之一，使广西科技工作者状况调查站点体系更好地服务广西科技发展战略决策。同时，在实现广西科技工作者状况调查站点资源共享共用外，广西科协还将努力提升科技工作者状况调查站点第三方评估服务的能力和水平，将第三方评估打造成广西科协的新品牌、新招牌，并利用第三方评估收入助力补齐站点运营经费不足的短板。

（六）打破常规机制，探索流动型非固定信息报送模式

在现有固定科技工作者状况调查站点体系的基础上，探索流动型非固定科技工作者信息报送模式，即对因期限满而退出的科技工作者状况调查站点，保留报送信息资格，允许其按照原方式报送信息，不要求按季度报送，取消信息报送数量要求。同时，也将向广西区内科技工作者密集单位、企业征集信息报送员，为其开通信息报送渠道。对于具有报送资格的信息报送员，广西科协将定期举办培训班，增强信息报送员的业务能力。此外，广西科协将积极探索激励措施，调动流动型非固定信息报送员的积极性。如对获采纳信息发放物质激励；对优秀流动型非固定信息报送员，邀请其参加广西年度科技工作者状况调查站点培训会，颁发荣誉证书；对获领导批示的信息，为其开具获批示证明等。

附　广西科协相关工作文件

广西科技工作者状况调查站点设立和管理办法
（修　订）

第一章　总则

第一条　为做好广西科技工作者状况调查站点（以下简称调查站点）的设立和管理工作，实现站点设立和管理的规范化和制度化，特制定本办法。

第二条　设立调查站点的主要目的是，切实履行科协作为党和政府联系科技工作者的桥梁和纽带职责，通过规范、固定的调查平台建设，及时、准确地了解和掌握科技工作者的思想状况、需求、意见和建议，以及科技工作者所做出的突出贡献，维护科技工作者合法权益，宣传优秀科技工作者先进事迹，在科技工作者与党和政府之间建立畅通稳定的沟通渠道。

第三条　本办法为调查站点设立和管理依据，各有关单位和人员须严格遵守。

第二章 管理机构及职能

第四条 调查站点按照全区布局、区域管理、统一协调、分工负责的原则开展工作。

第五条 广西科协组织宣传部负责全区调查站点的总体规划、管理、协调和指导工作。主要职责是：制定调查站点发展规划和管理办法，确定调查站点的数量及分布；审核各市科协上报的调查站点设置方案；组织调查站点工作人员培训；布置调查站点年度工作任务；汇总和分析调查站点上报材料和数据；考核评估、激励调查站点工作；编发调查站点反映科技工作者意见、建议等信息；不定期发布调查站点工作动态及通报等。

第六条 各市科协为负责本区域调查站点管理的区域责任部门，主要职责是：建立本区域调查站点的管理工作机制，组织本区域调查站点参加全区科技工作者状况调查站点培训班；配合广西科协组织宣传部做好本区域调查站点的设置、调整和管理；指导本区域调查站点完成各项问卷调查任务；督促本区域调查站点及时报送信息。区域责任部门须指定具体部门和人员负责调查站点工作，加强与广西科协组织宣传部工作联系，完成其交办的工作任务。

第七条 各市科协管理以外的调查站点由广西科协组织宣传部直接联系管理。

第三章 调查站点的职责

第八条 调查站点的主要职责有：

（一）确定专门部门承担调查站点工作，落实专人担任调查员，并报所属区域责任部门核准。

（二）参加广西科协每年组织的全区科技工作者状况调查站点培训班，熟悉站点工作业务。

（三）按时按质按量完成年度分配给调查站点的问卷调查任务，并及时反馈给相关课题组。

（四）积极报送站点信息，每季度向广西科协报送有效信息1篇，全年报送有效信息不少于4篇（报送信息被评定无效不计入完成任务数量）。

（五）积极完成广西科协或中国科协安排的若干突发性、临时性调研及统计任务。

（六）积极组织所在站点科技人员参与广西科协资助青年科技工作者专项课题申报。

第九条　调查站点报送信息要通过登录广西科技创新智库网络平台（www.gxsttt.com）中的"调查站点工作平台"进行报送。新站点首次报送前要如实填写相关信息并实名注册。

第十条　调查站点报送信息必须坚持真实性和时效性的统一。严禁弄虚作假和抄袭剽窃等行为。

第十一条　调查站点报送信息类型分为3类：

（一）问题诉求类：主要通过问卷、走访、调研、座谈、交流等多种途径及形式，收集反映科技工作者在思想、工作、生活、权益保障等方面的诉求信息和科技工作者关心、关注的科技、科研、科普、教育、人才、政策等方面的问题信息进行报送。此类信息要求坚持问题导向，深入调研和了解基本状况、分析原因和提出对策建议。

（二）人物宣传类：主要挖掘和宣传站点或区域内优秀科技工作者、优秀科技创新团队的先进事迹和典型，突出宣传优秀科技人物的精神追求、高尚品德，说好优秀科技人物故事，以"小故事"体现"真品质"，"小人物"反映"大情怀"。此类信息要求坚持正面引领、传播正能量，报送时请填写《广西科技工作者状况调查站点人物宣传类信息登记表》。

（三）决策咨询类：主要是科技工作者围绕党委政府所关心关注的重大科技民生、产业发展、脱贫攻坚、创新驱动等问题，通过调查研究提出具有长远意义和决策咨询价值的对策建议。此类信息要求坚持为党和政府科学民主决策服务导向，要有科学性、前瞻性和可操作性，报送时请填写《广西科技工作者状况调查站点决策咨询类信息登记表》。

第十二条　调查站点报送信息要坚持"以反映问题诉求类信息为主，人物宣传类、决策咨询类信息为辅"的原则，采取"2+2"的形式进行报送。其中，第一个"2"是指每个站点每年必须报送2篇问题诉求类信息；第二个"2"是指每个站点每年可报送2篇任选类型信息。

第四章　调查员职责要求

第十三条　调查员要具备事业心和责任感，热心为科技工作者服务。调查员要了解党和国家及自治区有关知识分子和科技工作的方针政策，经常深入科技工作者中间，倾听科技工作者意见呼声，与科技工作者交朋友，为科技工作者做好政策服务。

第十四条　调查员要坚持求真务实，敢于反映真实情况，不回避矛盾，针对调查工作中存在的问题提出建设性意见。要善于挖掘和发现所辖站点科技人员中先进事迹，予以大力宣传报道，树立科技工作者的良好形象。要组织科技工作者积极做好决策咨询工作，服务党委政府的科学决策。

第十五条　调查员应当掌握调查研究工作基本方法，具有一定的分析能力和文字能力，掌握问卷调查的基本技能，熟练应用计算机等现代办公设备。

第五章　调查站点的设立

第十六条　确定全区调查站点的原则：

（一）整体性原则。在全区各地级市均设立调查站点，并在有关自治区学会、高校科协、科研院所设立调查站点。

（二）重点性原则。调查站点主要选择科技工作者比较集中、在我区科技工作中有较大影响的科研机构、大中专院校、大型企业和中学。

（三）科学性原则。依据科技工作者在各市级区域的分布密度、当地经济发展水平和科技工作者的总量等因素，按比例确定调查站点的数量，并综合考虑不同行业和类型科技工作者对经济社会发展的影响程度等因素。

（四）保障性原则。调查站点所在单位原则上应设有科协组织，具备网络通信等基本工作条件；调查站点所在单位要积极支持调查工作。

第十七条　调查站点类型分为：县级科协站点、大中型企业站点、科研院所站点、学会站点、大中专院校站点、中学站点、工业园区站点、卫生医疗机构站点。广西科协组织宣传部可根据工作需要研究设立新的站点类型。

第十八条　各区域内具体调查站点的选择由区域责任部门负责并报经广西科协组织宣传部核准。在选择过程中应把握以下几点：

（一）调查站点的遴选类型要多样化，统筹兼顾到不同区域、不同领域、不同单位类型等各方面因素。

（二）调查站点主要选取区域内科技工作者相对集中的企业、事业和民办非企业等单位。

（三）重点单位的选取应综合考虑单位科技工作者的总量、单位行业类型、单位的区域分布、该单位对当地和全区经济社会发展的影响力等因素。重点单位包括大中型企业、科研机构、大中专院校等。

（四）大中型企业限指规模较大、在当地知名度较高、影响力较大的企业。科研机构限指科技工作者比较集中、从事自然科学研究的机构。大中专院校限指广西区内的大中专学校。

第六章　调查站点的运行

第十九条　建立完善的调查站点培训机制。根据当年的调查任务，广西科协组织宣传部定期对调查站点有关人员进行系统培训，明确调查要求、内容与重点。

第二十条　调查员应相对稳定，如遇人员调整等因素对调查工作产生影响的情况，调查站点应及时上报，并采取措施保证调查工作的正常开展。

第二十一条　调查站点应经常登录广西科技创新智库网络平台了解站点工作动态，及时查阅广西科协下发的有关通知，保持信息畅通，及时做出回复和汇报工作情况。

第二十二条　调查站点应建立严格完善的管理制度，确保上报信息内容准确、真实、及时，不可向无关人员告知调查系统的相关资料。

第二十三条　调查站点一经设立，原则上四年作一次适度调整。对继续能较好履行职责的站点，经调查站点申请和区域责任部门推荐可予以延长保留；对不称职或不作为的站点，广西科协按照有关规定予以通报、调整或撤销。

第七章　调查站点的考核

第二十四条　广西科协按年度对各调查站点工作进行考核，具体由调研宣传部负责。考核实行量化指标与定性评价相结合的方式进行，对站点完成年度问卷调查任务、信息报送任务和其他工作情况逐项计分，综合评定确定考核等次。考核结果通报各站点和区域责任部门。

第二十五条　调查站点年度考核结果分为优秀、合格、基本合格和不合格。有下列情形之一的站点，确定为不合格：

（一）工作任务完成情况未达标的；

（二）拒绝接受广西科协统一布置的调研任务的；

（三）工作中存在弄虚作假行为，造成严重后果的；

（四）违反规定，泄露内部信息和资料，造成严重后果的。

第二十六条　在调查站点年度考核的基础上，评选本年度优秀调查站点、优秀调查员和优秀区域责任部门、区域责任部门优秀工作者。其中，优秀调查员从优秀调查站点中产生，区域责任部门优秀工作者从优秀区域责任部门中产生。在中国科协调整或增设广西国家级调查站点时，广西科协对优秀调查站点予以优先推荐。

第二十七条　调查站点报送信息采用及工作补贴：

（一）调查站点按时按要求完成季度工作任务的，由广西科协每季度给予200元工作补贴，每年度发放一次。对履行职责差、不按时按要求完成季度工作任务的站点，取消本季度工作补贴。

（二）问题诉求类信息：被广西科协《站点信息摘报》采用的，由广西科协每篇给予300元工作补贴；同一篇信息经广西科协推荐被中国科协《站点信息》采用的，每篇给予400元工作补贴；获得中国科协、自治区党政领导批示的，每篇给予1000元工作补贴。

（三）人物宣传类信息：经广西科协组织宣传部推荐，被广西科协所属媒体（《南方科技报》《广西科协》《广西科协网》）采用的，每篇给予400元工作补贴；同一篇信息获自治区级主要媒体（《广西日报》《南国早报》《当代广西》）采用的，每篇给予500元工作补贴；获得中央级主要媒体（《人民日报》《科技日报》《科学时报》《中国青年报》等）采用的，每篇给予1000元工作补贴。

（四）决策咨询类信息：经广西科协组织宣传部推荐，被广西科协（《科技创新智库成果专报》《广西科技工作者建议》）采用的，由广西科协每篇给予500元补贴；同一篇信息被中国科协（《科技界情况》《科技工作者建议》《调研动态》）采用的，每篇给予 600 元补贴；获得中国科协、自治区党政领导批示的，每篇给予 1000 元补贴。

（五）调查站点信息补贴每年度发放一次。同一篇信息经广西科协组织宣传部推荐，同时获不同级别刊物或媒体采用的，补贴支付就高不就低，不重复给付。

第二十八条　对存在以下情况之一的调查站点，给予通报批评：

（一）两个季度以上没有报送信息。

（二）工作不负责任，敷衍应付。

（三）报送虚假、失实信息。

（四）完成当年的问卷调查数据采集、上报工作任务较差。

（五）违反规定，泄露调查系统用户名、密码等内部信息和资料，并造成调查数据准确性受到影响。

第二十九条　对存在以下情况之一的调查站点，给予撤销处理，且三年内不能再设为调查站点。

（一）全年不报送站点信息的。

（二）不组织完成当年的问卷调查数据采集、上报工作任务的。

（三）无人承担调查站点工作的。

（四）不接受区域责任部门管理的。

第八章　经费使用及管理

第三十条　调查站点工作经费来源于自治区财政的专项经费，按照中央及自治区财政部门和广西科协的有关规定进行预算编制、核定和支付。

第三十一条　调查站点工作经费由调查站点运行经费、区域责任部门管理经费两部分构成。开支范围主要用于调查站点或区域责任部门组织召开科技工作者座谈会、开展站点工作调研、组织站点调查员学习培训、开展科技工作者问卷调查、组织站点信息采写及报送、支付站点信息工作补贴、开展站点工作激励等方面。

第三十二条　调查站点工作经费的拨付一般在部署年度站点工作后执行。其中，区域责任部门负责联系管理的站点，其工作经费由广西科协依据当年度各区域责任部门具体指导管理的站点数量确定站点运行经费总额及区域责任部门管理经费额度，一并拨付至各区域责任部门；广西科协组织宣传部直接联系管理的站点，其工作经费由广西科协直接拨付至站点。

第三十三条 各区域责任部门可直接将调查站点工作经费转拨至站点按规定使用；亦可在确保工作经费专款专用的前提下，根据本《办法》精神及本区域实际情况，遵循"奖勤惩懒、奖优惩劣"原则，制定符合财务管理规定及要求的高效合理的管理实施细则来规范使用。

第三十四条 各区域责任部门、调查站点和有关单位应在本办法规定的范围内开支调查站点工作经费，做到专款专用，不得挤占和挪用。

第九章 附则

第三十五条 本办法由广西科协组织宣传部负责解释，自 2016 年 6 月 1 日起实施。

广西科技工作者状况调查站点和区域责任部门年度工作考评标准

一、调查站点考评

（一）计分标准

1.参加年度全区调查站点工作培训班，计 100 分。

2.按要求完成年度布置的问卷调查任务数额，足额完成调查问卷数量计 100 分，超额完成调查问卷规定数量，不加分；未完成规定数量，以实际完成的比例调整计分。

3.完成年度报送 4 篇有效信息任务（其中，问题诉求类信息不少于 2 篇），计 100 分，少 1 篇扣 25 分。

4.按季度报送有效信息每篇加 20 分。

5.站点信息获广西科协采用（包括上年度报送而在本年度获采用的信息），每篇加 30 分。

6.获中国科协采用，每篇加 40 分；采用后获得领导批示，加 50 分。

7.按要求报送"奋斗路上·科界回响"信息的站点每个加 10 分。

8.以上七项得分相加，计为总分。

（二）分级及优秀等次标准

等级	含义	达标要求	等次标准
A	优秀	总得分在 400 分以上，同时满足以下基本条件：①参加年度全区调查站点工作培训班；②全年度报送有效信息 4 篇，其中按季度报送信息 4 篇，获采用不少于 1 篇；③完成年度问卷调查任务得分 90 分以上。总得分达标但不满足基本条件的，自动降一个等级	AAA 级：符合年度优秀站点基本条件，且总分在 460 分以上。AA 级：符合年度优秀站点基本条件，且总分在 450 分以上。A 级：符合年度优秀站点基本条件
B	合格	总得分在 300～399 分，同时满足以下基本条件：①参加年度全区调查站点工作培训班；②全年度报送有效信息不少于 2 篇；③完成年度问卷调查任务得分在 70 分以上。总得分达标但不满足基本条件的，自动降一个等级	无
C	基本合格	总得分在 210～299 分	无
D	不合格	总得分低于 209 分	无

二、区域责任部门考评

（一）计分标准

区域责任部门考核，主要看履行职责情况及本区域省级调查站点开展工作和完成任务情况，具体考评计分标准如下：

1. 组织本区域调查站点参加年度全区调查站点工作培训班参会率达 100%，计 100 分；有站点未参加培训班的，按相应比例扣分。

2. 本区域调查站点完成年度应报送有效信息任务按照完成比例进行计分，满分 100 分；站点按季度报送信息按照完成比例进行计分，满分 100 分；每获采用信息 1 篇加 20 分；采用后获得领导批示，加 50 分。

3. 区域责任部门年度问卷调查任务得分按照所辖站点完成问卷调查任务得分的平均分进行计分，满分 100 分。

4. 区域责任部门管辖调查站点被评为优秀站点加分：加分原则按优秀站点

数占管辖站点总数的比例进行计分，满分 100 分。

（二）优秀达标条件及等次标准

等级	含义	优秀达标条件	等次标准
A	优秀	（1）调查站点全部按要求参加全区调查站点工作培训班； （2）调查站点全部完成年度报送 4 篇有效信息任务； （3）调查站点完成年度问卷调查任务平均得分在 90 分以上； （4）调查站点至少有一个获得年度 A 级优秀调查站点表彰。总得分达标但不满足基本条件的，自动降一个等级	满足优秀区域责任部门基本条件，且总分在 450 分以上。其中： AAA 级：总分在 600 分以上。 AA 级：总分在 550 分以上。 A 级：总分在 450 分以上

广西科技工作者状况调查站点区域责任部门年度工作考评表
（20××年6月—20××年5月）

区域责任部门	基本项				加分项			考评情况	
	组织站点参加培训	站点完成问卷	站点报送有效信息	站点按季度报送信息	获采用	获批示	优秀站点比例	总分	等级
××市科协									
××市科协									
××市科协									
××市科协									
××市科协									
××市科协									
……									

广西科技工作者状况调查站点年度工作考评表
（20××年6月—20××年5月）

区域责任部门	站点名称	基本项				加分项				考评情况	
		参加培训班	完成调查问卷	完成有效信息	按季度报送信息	广西科协采用	中国科协采用	"回响"信息报送	获批示	总分	等级
××市科协	……										
	……										
	……										
	……										
××市科协	……										
	……										
	……										
	……										
……	……										
	……										
	……										

广西国家级科技工作者状况调查站点管理办法
（修　订）

为深入做好广西国家级科技工作者状况调查站点的管理工作，根据中国科协《全国科技工作者状况调查站点设立和管理暂行办法》和中国科协科技工作者状况调查站点工作最新管理要求，结合广西实际，特制定本办法。

第一条　本办法是在遵守和执行《全国科技工作者状况调查站点设立和管理暂行办法》的前提下，针对加强广西国家级调查站点管理和工作考核等活动所做的相关规定。

第二条　广西国家级调查站点，是指中国科协在广西设立的科技工作者状况调查站点。广西科协组织宣传部是中国科协调研宣传部授权负责广西国家级调查站点管理的责任部门。

第三条　广西科协组织宣传部履行下列对本区域国家级调查站点管理的工作职责。负责组织本区域国家级调查站点参加中国科协调研宣传部的相关培训会议；配合中国科协调研宣传部做好本区域国家级调查站点的设置和调整工作；指导本区域国家级调查站点完成各项问卷调查任务；督促本区域国家级调查站点及时报送信息；开展本区域国家级调查站点有关人员的业务培训；统筹管理本区域国家级调查站点的运行经费；做好本区域国家级调查站点的年度考评工作；制定本区域国家级调查站点的管理办法；协调解决本区域国家级调查站点工作出现的问题，向中国科协调研宣传部反映本区域国家级调查站点的意见和建议。

第四条　国家级调查站点工作每年1—12月为一个年度。

第五条　国家级调查站点直接履行调查任务，主要职责是：必须参加中国科协调研宣传部、广西科协组织宣传部的相关调查站点工作培训会议；必须按时按要求完成本年度调查站点承担的全国和广西的问卷调查任务；必须按时向中国科协调研宣传部、广西科协组织宣传部报送反映科技工作者呼声和关注问题的有效信息（报送属无效信息的不计入任务完成数量）；积极完成中国科协调研宣传部、广西科协组织宣传部交办的相关任务。国家级调查站点履行职责情况作为工作考评主要依据。

第六条　国家级调查站点每年须向中国科协调研宣传部报送不少于4篇有效信息，每季度内报送至少1篇，并同时向广西科协组织宣传部报送信息。报送无效信息不计入任务完成数量。

第七条　鼓励国家级调查站点在完成全年信息报送任务的前提下，积极向中国科协调研宣传部、广西科协组织宣传部多报送信息，作为本年度调查站点考评依据。

第八条　国家级调查站点所在单位应积极支持调查工作，确定相关部门承担调查任务，并指定专人担任调查员。相关部门和调查员应保持相对稳定。

第九条　国家级调查站点自行登录中国科协"科技工作者状况调查平台"上报信息、查阅及下载文件、发送工作寻呼等，各国家级调查站点均有专用户名和密码；向广西科协组织宣传部报送信息科技思想库网络平台（ttt.com）"调查站点工作平台"。

第十条　本区域国家级调查站点的年度运行经费由广西科协组织宣传部根据中国科协调研宣传部的拨款额度统筹管理使用，分为国家级调查站点基本运行费、参加全国培训会议费、站点信息工作补贴、年终考评激励费用四个部分。其中基本运行费占25%，参加全国培训会议费占45%，站点信息工作补贴占15%，年终考评激励费用占15%。基本运行费由广西科协组织宣传部直接向国家级调查站点下拨，专款专用。其他费用由广西科协组织宣传部根据组织调查站点开展活动需要及工作考核评比等情况统筹开支。

第十一条　国家级调查站点报送的信息被广西科协采用的，每篇给予300元工作补贴；报送中国科协被采用的，每篇给予400元工作补贴；同一篇信息被广西科协和中国科协采用的，每篇给予500元工作补贴；获得中国科协、自治区党政领导批示的，每篇给予1000元工作补贴。

第十二条　实行国家级调查站点季度和年度考评工作相结合制度。国家级调查站点按时按要求完成季度工作任务的，每季度给予站点300元工作补贴，每年发放一次。对不按时按要求完成季度工作任务的站点，取消本季度站点工作补贴。对调查站点完成任务以外多报送的有效信息，给予每篇100元的工作补贴。

第十三条　国家级调查站点年度考评在季度工作考评的基础上，综合其他条件评选年度先进调查站点和优秀调查员。先进调查站点分为AAA、AA和A三个等级。优秀调查员从先进调查站点中产生。对完成任务差的调查站点予以通报批评。国家级调查站点两年内不参加国家级调查站点培训会议，或不积极履行调查站点职责的，广西科协组织宣传部向中国科协调研宣传部建议予以撤销。

第十四条 国家级调查站点每年 12 月 30 日前要向广西科协组织宣传部报送年度工作总结，总结的内容包括开展工作情况、经验体会、存在问题、改进工作打算和工作建议等方面。报送年度工作总结列入工作考评内容。

第十五条 国家级调查站点设立期满，经中国科协调研宣传部调整不再设为国家级调查站点的，由广西科协组织宣传部根据需要及其履行国家级调查站点职责时的工作情况，在征求调查站点的意见后转为省级调查站点。

第十六条 国家级调查站点的年度运行经费统筹管理使用安排根据中国科协调研宣传部拨付站点运行经费的情况相应调整。

第十七条 本办法如与中国科协调研宣传部相关规定不符的，按照中国科协调研宣传部的要求进行调整。

第十八条 本办法由广西科协组织宣传部负责解释。本办法自 2014 年 1 月 1 日起实施。

广西国家级科技工作者状况调查站点年度工作考评标准

一、计分标准

1.参加年度国家级调查站点工作培训班，计 50 分；参加年度全区调查站点工作培训班，计 50 分。

2.完成年度报送 4 篇有效信息任务，计 100 分，少 1 篇扣 25 分。按季度报送有效信息每篇加 20 分；完成 4 篇有效信息任务的基础上每多报送 1 篇有效信息加 10 分。站点信息获中国科协采用，每篇加 40 分；采用后获得领导批示，再加 50 分。

3.完成中国科协布置的年度问卷调查任务，得分参考中国科协年度站点考核公布年度调查任务完成总量分数调整计分，即问卷调查任务足额或超额完成各项调查的考核基准量计 100 分；未完成考核基准量，以实际完成的比例调整计分。

4.按要求完成广西科协年度布置的问卷调查任务数额，足额或超额完成规定的调查问卷数量计 100 分；未完成规定数量，以实际完成的比例调整计分。

5. 被中国科协评为年度优秀调查站点加 30 分。

6. 按以上 5 项得分情况计算总分。

二、分级及等次标准

等级	含义	达标要求	等次标准
A	先进	总得分在 470 分以上，同时符合以下基本条件：参加年度全国和全区调查站点工作培训班；全年度报送有效信息不少于 4 篇；完成年度全国和全区问卷调查任务且平均得分在 90 分以上；总得分达标但不满足基本条件的，自动降一个等级	AAA 级：符合年度先进站点基本条件，且站点信息获中国科协采用，站点在中国科协年度考评中被评为优秀调查站点，总分在 550 分以上 AA 级：符合年度先进站点基本条件，且总分在 500 分以上 A 级：符合年度先进站点基本条件，且总分在 470 分以上
B	合格	总得分在 400 ～ 469 分，同时符合以下基本条件：参加年度国家级调查站点工作培训班；全年度报送有效信息不少于 2 篇；完成年度全国和全区问卷调查任务且平均得分在 80 分以上；总得分达标但不满足基本条件的，自动降一个等级	无
C	基本合格	总得分在 350 ～ 399 分，同时符合以下基本条件：参加年度国家级调查站点工作培训班；全年度报送有效信息不少于 1 篇；完成年度全国和全区问卷调查任务且平均得分在 70 分以上；总得分达标但不满足基本条件的，自动降一个等级	无
D	不合格	总得分低于 349 分	无

广西国家级科技工作者状况调查站点年度工作考评表
（20××年1—12月）

站点名称	基本项						加分项				考评情况	
	参加全国会议	参加全区会议	完成全区问卷调查	完成全国问卷调查	完成4篇有效信息	按季度报送信息	超额报送信息	信息采用	领导批示	优秀站点	总分	等级
……站点												
……站点												
……站点												
……站点												
……站点												
……站点												
……站点												
……站点												
……												

第六章

江苏省苏州市科技工作者状况
调查站点体系建设

苏州市科协作为中国科协科技工作者状况调查站点之一，在服务国家与地方科技工作方面扮演了重要的角色。苏州市科协调查站点依托于众多的市级调查站点所形成的网络资源，为中国科协及江苏省科协提供了大量有价值的站点信息，较好地完成了上级交办的调查任务，连续多年获得国家级优秀调查站点称号。苏州市科协调查站点是地级市区域调查站点，代表了东部发达地区的较高水平，苏州市科协调查站点在工作实践中探索出的一些好的做法可以为其他地区推进调查站点建设提供有益的经验借鉴。

一、站点体系建设概况

近年来，苏州市科协较为重视科技工作者调查站点建设工作，并以科技工作者调查站点体系为抓手，开展科技工作者状况调查，及时掌握科技工作者的最新动态，将科技工作者的意见、建议和诉求反映到各级党委和政府部门，维护了科技工作者的利益。

（一）苏州市科技工作者状况调查站点的建设现状

苏州市范围内的科技工作者状况调查站点分为三个层级，分别是中国科协科技工作者状况调查站点（国家级站点）、江苏省科协科技工作者状况调查站点（省级站点）和苏州市科协科技工作者状况调查站点（市级站点），具体情况如下。

（1）中国科协科技工作者状况调查站点。苏州市区域范围内共有4个国家级调查站点。其中，太仓市科技创业园暨留学生创业园于2013年设站，类型为科创园区站点；中国科学院苏州医工所于2015年设站，类型为科研院所站点；苏州汉丰新材料股份有限公司于2014年设站，类型为企业站点，这3家站点都是面向本单位（或本园区）内相对明确的科技工作者群体，对他们的动态情况掌握得比较及时而深入；苏州市科协本身也是中国科协科技工作者状况调查站点，2005年作为中国科协第一批国家级调查站点设站，类型为区域型站点，与其他3家站点不同，苏州市科协站点面向的科技工作者群体比较广泛，是为全市科技工作者服务，但对于科技工作者状况的动态了解却又不如其他3家调查站点那么直接和深入。

（2）江苏省科协科技工作者调查站点。江苏省科协作为中国科协科技工作者状况调查站点的区域责任部门，为了对区域内调查站点建设进行有效管理和储备，江苏省科协补充设立了省级科技工作者状况调查站点。目前，苏州区域内有2家江苏省科协科技工作者状况调查站点，分别是常熟市科学技术协会和昆山市工业技术研究院有限责任公司。

（3）苏州市科协科技工作者状况调查站点。鉴于苏州市科协调查站点对科技工作者状况的动态了解不够直接和深入，为了弥补这种不足，为更有效地掌握全市各种类型科技工作者的最新动态，苏州科协发挥自身作为市级科协组织的优势，在全市选取不同类型的样本单位成立了本级调查站点。2014年，苏州市科协出台了《苏州市科协关于建设科技工作者状况调查站点体系的工作意见》，包含《苏州市科协科技工作者状况调查站点设立和管理办法（试行）》和《苏州市科协科技工作者状况调查站点考核评估办法（试行）》。根据该办法，苏州市科协提出五年内建成各类调查站点50家的目标，覆盖全市10个市（区）。从实施过程来看，苏州市科协先根据全市调查站点设立的目的、全市各类科技工作者的分布、单位性质类型等，进行了总体规划。然后，苏州市各市（区）科协再根据苏州市科协制定的总体规划，结合本区域科技工作者的结构、分布特点，进行组织发动申报、筛选和推荐。在此基础上，苏州市科协对申报材料进行仔细审核和严格把关，设立了首批62家市级调查站点。这些调查站点覆盖了苏州市所有区、县（市），涉及科创园、学校（大学、中学）、医院、企业（国有、混合、民营、合资、外资）、学会及产业联盟等各行各业。2018年，制定并印发了《苏州市科协科技工作者状况调查独立信息员管理制度》，增设独立信息员。在近几年的运行当中，苏州市科协根据市级调查站点的运行情况，分别于2016年和2018年进行了两轮调整，目前全市共有市级调查站点56家、独立信息员31个。

（二）苏州市科协对调查站点的职责认识和职责定位

对调查站点职责的认识决定了调查站点开展相关工作的态度和成效，苏州市科协认为调查站点体系是科协联系服务科技工作者体系的延伸，调查站点的职责是科协"为广大科技工作者服务"职能的深化，这就是苏州市科协做好调查站点工作的思想基础。

1. 苏州市科协对调查站点职责的认识

根据中国科协科技工作者状况调查站点工作的要求，调查站点主要肩负以下两个职责。

（1）承接中国科协调查任务。作为科技工作者调查站点的首要职能，中国科协要求各个调查站点依照调查要求，按计划进度和质量要求完成调查任务。主要职责包括，完成每年分配的问卷调查任务，包括样本的抽取、问卷发放和回收、跟踪表的填写等。苏州市科协调查站点自成立以来，依托其下属各个调查站点组织实施了多次全国科技工作者状况调查等调查项目，收集了丰富的一手数据。苏州市科协认为，通过配合开展调查工作，一方面采集了数据信息，另一方面也密切了科协部门与基层科技工作者的联系。

（2）撰写和上报站点信息。作为科技工作者调查站点的另一个重要职能，站点信息内容要求反映各类基层科技工作者最新动态，表达科技工作者的诉求、愿望、意见和建议。苏州市科协认为这本身就是科协组织的主要职责，做好站点信息的采集和编撰工作，履行科协为科技工作者服务的职能，架起党委政府紧密联系科技工作者的桥梁，使用得当能够为各级政府及有关部门决策提供参考依据。

2. 苏州市科协调查站点工作的职责定位

苏州市科协在国家级、江苏省和苏州市三级调查站点体系中，具有三重身份，不同身份赋予了苏州市科协不同的职责定位。因此，在三级调查站点体系中苏州市科协具有三重职责定位：①作为中国科协科技工作者调查站点，苏州市科协调查站点认真履行调查站点本身的职责，积极主动完成调查站点各项工作；②作为江苏省科协科技工作者调查站点工作的区域责任部门，苏州市科协积极配合江苏省科协管理、指导和督促区域内国家级和省级调查站点及时完成各项工作；③作为市级科技工作者状况调查站点的管理责任单位，苏州市科协担负着市级科技工作者状况调查站点的总体规划、站点设立、管理、指导和考核等相关职责。

二、站点建设取得成绩

近年来，作为中国科协科技工作状况调查站点，在中国科协和江苏省科协调查站点年度考核中，苏州市科协调查站点成绩斐然：2013 年度中国科协 AA 级优秀站点，总排名位列第 11 名，AA 级调查站点第 2 名；2014 年度中国科协 AAA 级优秀站点，总排名位列第 2 名；2015 年度中国科协 AAA 级优秀站点，总排名位列第 2 名；2016 年度、2017 年度、2018 年度中国科协优秀站点，相关工作人员同时荣获中国科协调查站点优秀信息员和优秀调查员；自 2012 年度考核开始每年都获评江苏省科协优秀调查站点；此外，作为江苏省科协科技工作者状况调查站点的区域责任部门，苏州市科协还协助江苏省科协加强对区域内国家级和省级调查站点的指导、督促等管理工作，所辖国家级和省级调查站点连续六年在年度考核中均获得合格等次以上成绩，部分国家级调查站点还多次获得中国科协优秀调查站点和江苏省科协优秀调查站点、中国科协调查站点优秀信息员和优秀调查员等荣誉。其中，在 2017 年度中国科协年度考核中，苏州区域内 4 个国家级调查站点，苏州市科协和太仓市科技创业园暨留学生创业园获评优秀调查站点，中科院苏州医工所和苏州汉丰新材料股份有限公司获评良好站点，四个站点全部获得优秀调查员推荐资格，苏州市科协站点也再次获得优秀信息员推荐资格的佳绩。鉴于此，苏州市科协连续 6 年荣获江苏省科协调查站点工作优秀区域责任部门。

根据调查站点的主要职责，苏州市科协调查站点工作的具体成绩主要体现在以下几个方面：

（一）各类问卷调查保持着较快的反馈速度和较高的完成率

调查站点的主要职责之一就是完成各级各类问卷调查任务，有些调查有明确的调查对象指向要求、有的则是面上调查；有的时间比较紧张，最快的要求一周内完成；有些调查任务数量较多。总之每次问卷调查都有其特定的要求，在没有设立市级站点之前，作为地方科协站点完成问卷时流程过多、响应较慢；而在设立了市级调查站点之后，基于市级调查站点的基础，苏州市科协调查站点对问卷调查任务的响应速度和完成率较之前得到极大的提升，近几年完成的各级各类问卷调查如表 6-1 所示。

表 6-1　苏州市科协调查站点完成的调查任务

年度	调查课题
2014	科技工作者科研伦理意识调查
2014	关于开展科技工作者思想状况调查
2015	推动大众创业、万众创新政策措施落实情况问卷调查
2015	江苏省科技工作者状况调查
2015	科技工作者职称和收入分配激励状况问卷调查
2016	双创政策实施情况调查
2016	科技人员创新能力现状调查
2017	"人才成长"调查
2017	十九大快速调查

续表

年度	调查课题
2017	科技工作中心理与职业发展
2017	全国科技工作者状况调查
2017	江苏省科协"科协组织建设"问卷调查
2017	江苏省科技工作中状况调查
2018	科技工作者压力情况调查
2018	科技工作者生活方式系列调查
2018	科技工作者职业发展状况调查
2018	科技工作者创业情况调查
2018	江苏省大众创业、万众创新问卷调查
2019	《国家中长期科学和技术发展规划纲要（2006—2020年）》实施情况调查
2019	江苏省第二次科技工作者状况调查任务
2019	科技工作者健康状况和人才计划相关问题调查

（二）站点信息报送的数量和质量"双优"

设立的市级站点报送的站点信息形成一个面广量大的信息源，苏州科协调查站点据此信息源，自2014年起报送的站点信息数量由之前的个位数提升到两位数，尤其是在2014年、2015年和2016年，每年报送的信息数量将近30篇。在完成站点信息报送数量的同时，苏州市科协调查站点愈发重视站点信息的质量把控，在敏锐捕捉信息选题、严格调研审核及选编机制（具体做法在主要经验中详述）方面精益求精，上报信息数量自2017年起有所回落，但报送信息的质量逐年提升，站点信息的有效率自2014年之前的50%提升至90%以上，2017年后更是连续3年达到100%，站点信息的刊发率总体上也是逐年提升（表6-2、图6-1）。

表6-2　苏州科协上报中国科协信息情况

年份	2014	2015	2016	2017	2018	2019
上报信息 / 篇	30	27	29	14	10	15
有效信息 / 篇	27	26	27	14	10	15
有效率 / %	90	96.3	93.1	100	100	100
刊发信息 / %	2	1	5	4	3	1
刊发率 / %	7.4	3.7	17.2	28.6	30	6.7

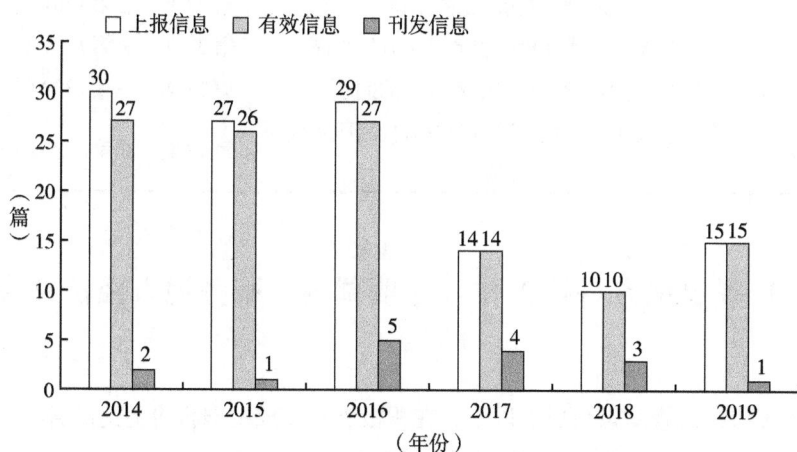

图6-1　苏州科协上报中国科协信息与有效信息对比

近年来，苏州科协调查站点报送信息在中国科协《站点信息》上刊发的情况如表6-3所示。

表6-3　苏州市科协调查站点报送信息被刊发情况

序号	年度	信　　息	期　　次
1	2014	孵化器应加强对科技人才创业的法务援助服务	第115期（总第912期）
2	2014	企业科协设立改善基金激励科技人员创新	第124期（总第926期）
3	2015	制约校地共建研究院发展的问题	第71期（总第1023期）
4	2016	基层农业部门人才引进工作存在的突出问题	第3期（总第1055期）
5	2016	民营电力企业知识产权保护不力	第5期（总第1057期）

续表

序号	年度	信　　息	期　　次
6	2016	"科学教育特色学校"存在的问题	第12期（总第1064期）
7	2016	科技孵化器发展面临的困境	第26期（总第1078期）
8	2017	房价暴涨破坏城市创新创业生态环境——以苏州为例	第1期（总第1153期）
9	2017	应用型人才培养中企业导师制运作不畅	第9期（总第1161期）
10	2017	县级学会承接政府转移职能力量弱	第16期（总第1168期）
11	2017	众创空间遭遇运营困境	第49期（总第1201期）
12	2018	基层专利代理机构服务质量有待提高	第37期（总第1289期）
13	2018	小学科学实验室配备存在的问题	第77期（总第1329期）
14	2018	高职院校图书馆建设滞后于新时代高职师生培养需求	第78期（总第1330期）

（三）开展地方科技工作者专项调查，服务地方经济社会发展

苏州市科协调查站点自成立以来，在积极承接完成中国科协下达的各项调查任务的同时，也开展了本地区的专项调查，从而很好地发挥了调查站点服务于国家与地方的双重作用。近年来开展的专项调查及其成果如下。

2013年开展苏州市科技工作者状况调查，成果为主报告《2013年苏州市科技工作者状况调查报告》1份，以及《2013年苏州市高层次人才状况调查报告》《2013年苏州市农业科技工作者队伍状况专项调查报告》《2013年苏州市医药卫生科技工作者"工作压力"专项调查报告》专题报告3份，附以调查问卷及调查数据，汇编为《2013年苏州市科技工作者状况调查蓝皮书》。

2015年开展苏州市留学回国人员状况调查，成果为《苏州留学回国人员状况调查总报告》，以及《苏州市留学回国人员就业状况调查报告》《苏州市留学回国人员创业状况调查报告》《苏州市留学回国人员职业发展报告》《苏州市留学回国政策评估报告》《苏州市海归创业环境评价报告》《苏州市留学回国人员工作满意度报告》《苏州市留学回国人员政治参与状况调查报告》等专题

报告 7 份，附以调查问卷及调查数据，汇编为《2013 年苏州市科技工作者状况调查蓝皮书》，此外还有《关于推进我市留学回国人员参政议政工作的建议》《关于优化我市留学回国人员创业环境的建议》《关于完善我市吸引留学回国人员政策的建议》3 份提案，其中《关于推进我市留学回国人员参政议政工作的建议》获苏州市政协十三届五次会议优秀提案。

2016 年开展苏州中小型民营企业科技创新创业状况调查，成果为主报告《苏州中小型民营企业科技创新创业状况调研报告》，以及《苏州中小型民营企业科技创新创业发展概况》《苏州中小型民营企业产学研合作现状调研报告》《苏州中小型民营企业科技创新创业环境评价》《苏州中小型民营企业科技创新政策分析》《中小民营企业发展之深圳经验：构建活力型的创新生态系统》专题报告 5 份，附以调查问卷及调查数据，汇编为《2016 年苏州中小型民营企业科技创新创业状况调查蓝皮书》，还有《关于推进我市中小民营企业科技创新创业的建议》和《构建活力型创新生态系统助力中小民营企业持续发展》2 份政协提案。

2017 年开展苏州市科技工作者状况调查，成果为《2017 年苏州市科技工作者状况调查报告蓝皮书》《2017 年苏州市科技工作者状况调查（内参）》《关于重视科技工作者诉求、优化科技工作政策的建议》（2017 年市委决策参考第 50 期，总第 349 期）。

2018 年开展苏州市中小学科技工作者基本状况调查，成果为《苏州市中小学科技教育工作者基本状况及科技教育影响因素调查报告蓝皮书》，专题报告 8 份：《科技教育活动开展基本常态化，急需继续扩充专职教师》《科技教育工作者面临知识更新压力，渴望持续进修培训》《科技教育工作者的评价体系不完善，有待改进》《科技教育课程标准尚待确定，教育模式需要改革》《科技教育资源配置不到位，急需搭建全方位平台》《学校领导重视科技教育发展，但落实工作有待加强》《家长资源利用率不高，亟须加强家校合作》《挖掘学生潜力，把握学生科技发展关键期》，以及 5 份备选提案：《关于我市优秀中小学科技教育的经验与启示》《关于完善我市中小学科技教育工作者队伍，提升科技教育水平的建议》《关于提升我市中小学生科技教育质量的建议——基于学生调查角度》《关于提升我市中小学生科技教育质量的建议——基于家长调查角度》《关于提升我市中小学科技教育质量的建议——基于中小学校校领导调查角度》。

2019 年开展在苏高校及科研院所创新人才状况调查，于 2020 年 5 月结题。

（四）反映科技工作者诉求，促进相关问题的解决

苏州市科协下属市级调查站点通过信息报送，及时反映了本单位存在的一些问题，也促成了相关问题的解决。例如，苏州某小学调查站点负责人表示，调查站点的设置促使他们将站点管理与学校教学和管理结合起来，通过信息报送，及时反映了有关教学设施配备和教资力量配备等问题，促成了该问题的解决。这位负责人表示："在调研中一些教师提出每次上课的话去实验室拿器材不方便，能不能配备一些教具箱，分发给大家上课用。我把这个问题反映给学校后，学校帮我们配了一些教具箱。"苏州某医院调查站点负责人也对该医院内部科技工作者工作中存在的一些问题进行了反映，如年轻医生职称评选问题、医患纠纷问题以及社区医院建设工作存在的问题等。该调查站点信息员对这些问题的反映，引起了本单位以及苏州科协领导的重视。在上级部门的协调下，一些问题逐渐被提上解决的议事日程。在此工作基础上，学校的教育质量得到了提升，而医院的科技工作者也感受到了人文关怀。再如《香山帮传统技艺传承面临困境》由于选题视角独特、意义重大、观点新颖、资料翔实，该篇信息在被中国科协刊发后，又被《科技工作者建议》刊发，先后得到中国科协、江苏省和苏州市有关领导的重要批示，苏州市有关部门专门就此出台了相应文件《关于保护传承香山帮传统建筑营造技艺实施意见》，为"国家级'科技思想库'建设试点提升行动"做出了重要贡献，发挥了科技工作者站点在政府决策咨询中的支持作用。

（五）与科普工作相辅相成，提升科技工作者的科技素养

科协的重要工作之一就是进行科普工作，科技工作者状况调查站点的建立，使得科协的科普工作又多了一个抓手，这反过来又促进了科协科普能力的

提升。实施科技工作者状况调查，在一定程度上起到了科普宣传的作用，尤其是有关科技伦理与科研诚信方面的教育宣传。例如，中国科协通过各基层站点实施的《科技工作者科研伦理意识调查》，就起到了这样的作用。毫无疑问，基层科技工作者在填答问卷的过程中，会自觉地或不自觉地学习和强化有关科技伦理与科研诚信方面的知识，这对于科技工作者尤其是刚步入职场的年轻科技工作者形成正确的科研价值观，提升科技素养，端正科研态度都有着十分重要的意义。

（六）激发调查站点信息员的成就感与工作热情

苏州科技工作者调查站点的负责人和信息员会因工作得到承认而产生成就感，从而激发更大的工作热情。苏州珍珠湖小学负责人曹老师表示，在完成调查工作过程中，她有机会和本校许多教工交流、探讨如何通过该站点的工作来促进教育环境的改善，如通过站点反映实验器材配备方面的问题，并最终促成了问题的解决。这令大家感受到自己对于学校发展所做出的贡献，提升了她的工作成就感。昆山市农学会调查站点负责人则表示，农学会的站点信息员为了完成站点的工作任务，在平时工作中更加深入地思考如何改善农技推广和农业生产种植技术方面的问题，激发了他们的科研工作热情。

三、工作经验总结

（一）贴近基层，建设市级调查站点，构建国家、省、市三级站点体系

如前文所述，苏州市科协站点面向的科技工作者群体比较广泛，是为全市科技工作者服务，但对于科技工作者状况的动态了解却又不够直接和深入，为更有效地掌握全市各种类型科技工作者的最新动态，苏州科协在全市选取不同类型的样本单位成立了本级调查站点。在市级调查站点站点的建设上面，苏州市科协汲取了中国科协科技工作者状况调查站点工作的很多做法：

加强制度建设，对调查站点进行规范化管理。科学规范的管理制度是保持调查站点活动、发挥调查站点实效的重要保障。苏州市科协依据中国科协（调发研字〔2006〕2号）、江苏省科协（苏科协办发〔2013〕29号）等文件精神，于2014年制定并下发了《苏州市科协关于建设科技工作者状况调查站点体系的工作意见》，意见包括《苏州市科协科技工作者状况调查站点设立和管理办法（试行）》《苏州市科协科技工作者状况调查站点考核评估办法（试行）》。该意见和办法提出了"统一管理、分工负责，按需设立、动态调整，贴近基层、类型齐全，管理规范、注重实效"的工作原则，对调查站点的规划、推荐、申报、审核、运行、管理、考核等每一个环节都进行了细化规定。

在管理机制上，明确分级管理机制。苏州市科协统一管理，负责制定并落实全市调查站点建设的总体规划、管理和考核办法等，所辖县级市（区）科协作为责任部门，负责本区域内市级调查站点的业务指导和监督管理工作。

在调查站点设置上，根据各类科技工作者群体聚集性的特点，将调查站点的类型全面覆盖市级学会（协会、研究会）、在苏高校、科创园区、产业联盟、科技型企业、科研机构、医疗卫生机构、普通中学等各类科技工作者密集的基层单位，从而更加全面、直接地掌握各类科技工作者的最新动态。

（二）"补贴"变"酬劳"，提高经费使用效率

中国科协每年要拨付各调查站点运行经费1万元用于调查站点开展调查工作。苏州市科协在2014年开始设立市级调查站点之时，原本也想给予调查站点一定的运行经费，经多方论证研究后，决定将有限的工作经费用于给调查站点工作人员的绩效酬劳。具体来说，苏州市科协在设立市级站点时并没有给予每个站点运行经费，而是根据各市级站点年度工作完成情况给予相应的补贴。有效信息稿、刊发信息、被各级领导批示的信息补贴逐级提高（以上补贴按高等级计算，不重复），年度考核时，对优秀调查站点负责站点工作的同志被评为优秀信息员则再补发一定补贴。原因是有限的经费给到调查站点的主体单位，多数单位都存在经费使用困难的问题，部分民营企业存在难批用的问题，部分国企事业单位存在难报销的问题，导致经费使用困难重重，而作为工作人

员绩效酬劳的方式则有效规避了调查站点运行经费下达后使用过程中可能出现的各种问题，能够使得有限的经费物尽其用，提高了经费使用效果。

（三）多措并举，提高市级调查站点活力

设立市级调查站点非常容易，难点在于如何调动调查站点的活力，提高设立调查站点的有效性，而调动调查站点活力的本质在于调动负责调查站点工作人员的积极性。苏州市科协在提高调查站点工作人员积极性上做了很多努力：

1. 经费激励

如上文所述，市级调查站点并未给予站点运行补助，而是直接以酬劳的形式发放，以此调动站点工作人员的积极性。因为有限的经费给到调查站点的主体单位，对于这些单位来说非常少，难以调动单位的积极性，而同样甚至更少的经费用作绩效酬劳给到工作人员，则能够大幅度调动信息人员和调查人员的积极性，提高开展调查工作的效率、提高调查站点信息的报送质量，这在苏州市科协调查站点开展各级各类问卷调查工作时得到了很好的体现，苏州市科协接到调查任务后，通常是根据调查任务的要求，在市级调查站点微信群中发布招募，符合要求的站点自行报名申领，比如"十九大快速调查"虽然任务只有30份，但时间只有3天，苏州市科协在接到预通知后第一时间招募到符合条件的30位调查员，调查任务开始后半天就完成了调查任务。

2. 自愿设站

苏州市科协在设立市级调查站点之初，就考虑到设立市级调查站点单位的支持问题，因此，在设站或者两年一次的调整时，苏州市科协只从总体上以抽屉原理规定调查站点的类型和结构要求，各市区科协根据要求发动符合要求的单位自主申报，苏州市科协则只审核站点的类型结构和站点规模，从根本上规避调查站点主体单位的支持问题和分级管理中区域责任部门作用的发挥问题。

3. 强化交流

苏州市科协通过建立科技工作者状况调查工作群，加强各级科协与调查站点、调查站点与调查站点之间的沟通交流，就各类社会热点问题进行互动交流，及时发掘科技工作者遇到的问题、掌握科技工作者的思想动态。比如，社

会上出现影响较大的医闹或者伤医事件，则在群里与医学会或者医院站点进行交流；如出现影响较大的学术成果抄袭事件，则在群里与在苏高校科协站点进行交流，在沟通中适当引导他们发现信息点。此外，苏州市科协还充分利用科协开展科普工作的资源，在群内发布科普活动讯息，以此拉近与调查站点工作人员之间的关系，调动他们的积极性，这些科普活动既包括公益性的活动，如苏州科普场馆公众开放日，也包括一些需要抢票的科普活动（如苏州非常火爆的科普周和科普日活动）也会在群里发放一定的入场券等。

4. 动态调整

在调查站点的运行过程中，会出现种种问题，如有些调查站点前期非常积极主动，但因为内部分工的调整，换了负责站点工作的同志，站点就会慢慢沉寂，对于不活跃的调查站点、一直不积极配合开展工作的调查站点，苏州市科协会根据年度考核情况进行适当的调整，保持调查站点进出的流动性，以此提高调查站点的活力。

（四）严格审核，强化调研，做好站点信息编撰选送工作

1. 保留被调整调查站点信息员，建立独立信息员制度

科技工作者调查站点信息员是中国科协获取调查站点信息的重要依托，是重要的社会资源。根据《中国科协科技工作者状况调查站点设立和管理暂行办法》，中国科协定期会对一部分站点进行调整或撤销。从实际工作中来看，部分比较积极认真的优秀信息员因站点被调整而流失，或因个人工作调整而流失，苏州市科协为了充分利用这部分优秀信息员的资源，于 2018 年制定并印发了《苏州市科协科技工作者状况调查独立信息员管理制度》，首次开始增设独立信息员。如苏州市级调查站点——苏州市相城区珍珠湖小学原负责调查站点工作的人员，在学校从调查站点队伍"退役"后成为首批苏州市科协调查站点的独立信息员，目前仍然承担着为苏州市科协撰写信息的任务。目前苏州市每个区在调查站点调整过程中都会根据实际情况设置 2～3 名独立信息员。设置调查站点独立信息员的意义在于：①能够继续发挥已有调查站点信息员的作用。一些调查站点的信息员由于调查站点轮换不再从事信息员的工作。这些人

尤其是其中的优秀信息员，有着丰富的信息撰写经验，是科协部门可利用的宝贵资源和财富，完全可以继续发挥作用。②独立信息员可以作为科协部门的义务宣传员、志愿者或联系人，起到科协部门与基层单位联系的桥梁和纽带作用。

2. 加强调查站点信息员的培训交流，提升其能力水平

苏州市科协通过定期不定期的工作会议，将年度工作会议与小范围座谈相结合，加强调查站点工作人员的培训，提升他们的业务能力。年度工作会议学习中国科协调查站点工作会议的经验，除了年度工作总结、表彰和经验交流、业务培训之外，为了提高站点工作会议的吸引力，还邀请熟悉国际、全国、本省本市科技动态的专家来讲解国际国内以及本地的最新科技动态。例如，在2017 年科技工作者状况调查站点工作会议上，邀请有关专家分别以《中国科协高水平科技创新智库与调查站点体系建设》《智库建设与调查站点融合发展探究》《调查站点信息编报：科技工作者关心关注的问题》为题做了专题讲座。在 2018 年度苏州市科协科技工作者状况调查站点工作会议上，邀请有关专家分别就全国创新形势及调查站点任务、苏州创新形势以及市调查站点工作平台的使用开展了相关培训，取得了较好的效果。此外，苏州市科协还根据基层的特殊性，按区域进行小范围座谈以站点编撰技巧及信息点挖掘为主。通过这些培训，培养了调查人员广泛联络各类科技工作者的主动意识，发现和挖掘科技工作者新动态新问题的敏锐嗅觉，不断提升他们的站点信息编撰水平和实施问卷调查的专业技能，打造一支专业化的调查员队伍。

3. 与时俱进，建立便捷高效的站点信息报送平台

科技工作者状况调查站点信息报送平台的建立能够有效提高站点信息报送、审核等管理工作的规范化程度，极大提高考核统计的工作效率。但是，传统的信息报送平台通常都是电脑端的，随着智能手机的普及，这种信息报送平台的便利性已经难以满足时代的要求，苏州市科协与时俱进，在"苏州科协"微信公众号上开通了苏州市科协科技工作者状况调查站点信息报送平台，同时开通了网页操作平台，打通手机端和电脑端，信息的编辑报送和各类统计表格主要通过电脑端实现，其他功能，如站点信息的查阅、各级审核、审核意见和审核结果的查阅都可以同时通过手机端和电脑端实现，简化了信息审批程序，

极大地提高了站点信息审核管理的便捷性及效率,苏州市科协负责站点信息审核工作的同志,即便在差旅途中也能够第一时间审核站点信息。

4.执行注重调研、严格把关的站点信息编审程序

苏州市科协通过市级科技工作者状况调查站点获取了大量的站点信息源,但是,苏州市科协站点在信息审核及编辑报送工作上绝对不是简单的二传手。苏州市科协在收到市级站点报送的信息之后,通常按以下步骤操作:

第一步,简单查阅,看是否符合站点信息报送要求,如果不符合站点信息报送要求,直接审核无效并告知理由;如果符合站点信息报送要求,则进入下一步。

第二步,查重审核,通过搜索引擎和文献数据库搜索查重,如果重复率较高的信息,直接审核无效并告知理由。

第三步,辨别有效度,这一步对于站点信息审核的工作人员要求较高,有时同下一步多方调查交叉进行,主要针对那些看起来符合站点信息要求,而且反映的是真实情况,但因为有些认识的不合理性造成的信息无效,比如某县级市医院反映同级医院难以拿到国家级重点课题、某职业技术学校反映职业技术学校缺少国家级重点实验平台等,这两个问题肯定符合站点信息报送的范围,反映的也是真实情况,但是他们都忘记了各自的定位问题,这类信息其实是没有价值的,应该判为无效信息。

第四步,多方调研,排除以上问题后,就要通过各种途径进行调查研究,因为市级调查站点来自各行各业,作为苏州市科协很难了解全部的动态问题,很多信息所反映的情况需要去调研核实,如通过其他单位本领域的人员、信息员本人、有关职能部门去调查研究,有些道听途说的、有些只是个别现象的、有些不符合实际情况的,还有些反映的真实问题但是有关职能部门已经出台相应政策的,都要一一排除。做完这些排除工作后的信息基本上就是有效信息了,但是苏州市科协通常还要跟作者沟通几轮进行角度调整或者编撰体例上的调整,能够在上述排除工作后直接审核为有效信息的屈指可数。

通过以上工作,审核出来的有效信息就是质量比较好的备选信息源了,此时,苏州市科协调查站点还要进行一些必要的调研,有时候还需要进一步实地考察，在此基础上编辑报送。比如上文提到的《香山帮传统技艺传承面临困境》这篇信息，苏州市科协站点信息员在发现这一信息选题后，通过各种途径找到苏州香山帮代表人物及相关人员，对香山帮匠人的生存现状、技艺传承及相关问题进行深入细致的调研和了解，掌握了大量的一手资料。同时，就相关问题实地走访和咨询了对应的政府职能部门，详细了解是否已经出台过相应政策以及未出台相关政策的原因是什么。在此基础上，三易其稿，最终成稿提交了《香山帮传统技艺传承面临困境》这篇信息。

（五）上下联动、部门合作，开展科技工作者专项调查

如前文所述，苏州市科协调查站点，在积极承接完成中国科协和江苏省科协各项调查任务的同时，还主动开展本级科技工作者调查，主要分两类，苏州市科协根据不同类型的调查，采取不同的组织方式：

1. 对全市科技工作者基本状况开展面上调查

面向全市科技工作者基本状况的摸底调查不仅要掌握本地科技工作者群体的基本情况，还要横向上与全国或者其他地区进行比较，了解苏州科技工作者基本状况与全国和其他地区之间的差异情况；纵向上与本地历史数据进行比较，了解苏州科技工作者基本状况的发展变化情况及发展趋势。这就需要调查数据的支撑，问卷需要与全国科技工作者状况调查的问卷一致，时间上也需要同步，这样积累下来的数据才有可比较性。因此，苏州市科协调查站点与中国科协上下联动，分别于 2013 年和 2017 年同步开展科技工作者基本状况调查，委托本地社会调查专家，使用全国科技工作者状况调查的问卷，并在此基础上增加少量的本地个性化问题。作为面上调查，调查的面和样本都比较大，同步开展科技工作者状况调查在操作上另一个优势在于减少调查工作量，减少对科技工作者的打扰，苏州市科协将继续与全国科技工作者状况调查保持同步调查工作。

2. 针对某一类科技工作者开展专项调查

此类科技工作者专项调查的选题上，每年根据中国科协和江苏省科协调研选题导向，结合苏州市委研究室和苏州市政府研究室的重点调研选题指南，选择确定本年度科技工作者专项调查的选题。但是，不管哪一类科技工作者群

体，都有其联系服务或者管理的部门，而作为调查项目，在了解该类科技工作者群体基本状况的基础上，最终目的是发现存在的问题或者反映科技工作者的呼声，形成有关科技工作者的建议，进而为市委市政府或有关部门决策提供依据。因此，一旦处理不好，将会引起相应部门的不满，造成部门之间的矛盾。为解决这一问题，苏州市科协与相关部门做好事前沟通，邀请有关部门共同开展相关调查，让他们全程参与。这些部门比科协更了解对应的科技工作者群体，在他们的全程指导下，让科技工作者专项调查更加科学合理，可以同时反映科技工作者群体和有关部门的诉求，避免了部门之间矛盾的产生；而在操作上，有了相关部门的支持，使得相应调查工作变得更为高效、渠道更为畅通。如 2015 年《苏州市留学回国人员状况调查》就是联合苏州市人力资源社会保障局共同开展，调研座谈和问卷调查则是通过苏州市人社局指导的苏州市留学人员协会组织开展；2016 年《苏州中小型民营企业科技创新创业状况调查》则是联合苏州市经信委共同开展，调研座谈和问卷调查则是同苏州市经济信息委指导的苏州市中小企业联合会组织开展；2018 年《苏州市中小学科技工作者基本状况调查》是联合苏州市教育局共同开展，调研座谈和问卷调查则是通过苏州市教育局推送给全市中小学校组织开展。2019 年《在苏高校及科研院所创新人才状况调查》则是在苏州市人才办的指导下，在苏州市科技局的支持下，开展相关走访座谈及问卷调查工作。

（六）加强与各级调查站点的沟通管理，提升其运行效率

苏州市科协在指导和督促区域内各级调查站点工作过程中，发现部分调查站点的工作人员积极性较好，但是站点所在单位领导不是非常重视和配合，导致很多工作难以开展，如区域内有两个国家级调查站点经费使用困难，其中一家站点甚至不批准出差（参加调查站点工作会议）、不配合开展各类问卷调查工作等。苏州市科协在了解情况后，与所在市（区）科协共同去这两家站点所在单位，与其单位负责人宣传调查站点工作的重要性及其意义，动之以情、晓之以理，取得这两个站点所在单位主要负责人的认可和支持，彻底解决了上述问题，保障了这两家调查站点相关工作的开展。

四、目前存在问题

苏州市科协在推进科技工作者调查站点建设并取得成绩的同时，也不可避免地存在一定的问题，主要表现为以下方面。

（一）各调查站点之间交流不充分

调查站点技术与管理水平的提高离不开相互之间的交流。但是目前苏州市除市级调查站点外，区域内国家级和省级站点反映站点之间交流较为缺乏。具体来说，一是站点负责人之间交流少。调研发现，各个站点负责人几乎只有在每年科协组织的座谈会上才会见面交流，其他时间几乎很少有见面的机会，更别说交流站点管理经验了。一位站点负责人表示："我们是分片开会，我们跟山东、山西、西藏等，与江苏省内的其他站点交流很少。对于其他站点的做法，我们完全不知道，我们交流确实很少。"二是站点工作人员之间学习交流少。这里的站点工作人员是指站点负责人以外的其他兼职信息人员。这些人员由于是兼职工作较忙，也缺乏参与集中培训和外出交流的机会。基本上是站点负责人对他们进行培训。正如一位站点负责人所言："市里面先给我们培训，培训之后我拿了很多材料回来，再给信息员们培训一下。这些信息员刚开始写呢可以说是不得要领，因为他不知道如何写，所以我要给他们培训一下。"由于交流和培训不充分，使得一些信息员撰写信息的质量上不去。三是不同站点之间缺乏资源共享。目前虽然在市科协层面建立了工作微信群，但不同站点之间的经验与做法仍然无法实现实质性的共享，影响了站点的建设与发展。

（二）调查站点上报信息的质量还需提高

调查站点报送信息的质量是衡量站点工作成效的一个重要的标准。当前苏州市科协调查站点对于中国科协要求各基层站点每年报送 4 篇有效信息的考核指标都能超额完成。这是因为，苏州市科协调查站点覆盖了众多的市级调查站点，获取信息相对容易。但是对于苏州市其他 3 个国家级调查站点来说就只能依靠其自身来完成考核任务。在实地调查中，有站点反映，"写到最后就没有多少内容可写了，但是科协又要求每年都要不一样，要发现新问题。其实有的问题也没有那么快得到解决，甚至还涉及一些体制上的问题，比如我们反映一些科研人员待遇的问题，这些问题不是简单的一句话两句话就能解决，从体制机制上改进要有一个过程。这样反映的旧问题还没有得到解决，一些调查站点就会每年重复的上报，降低了信息的质量。"同时，一些高学历的科技工作者不愿意撰写信息。"现在最大的问题是学历越来越高，能写东西的人越来越少，一些博士、教授或者硕士他们可能都不太愿意去做这些文字方面的工作。"这种完成任务式的上报，使得最终上报信息的质量就得不到保障。

（三）报送的信息利用度不高

按照规定，目前调查站点的信息报送采用逐级审核上报的办法，各个基层站点将信息整理后报送给地方科协，地方科协筛选后上报中国科协。最终，上报的信息能够被刊用或运用到政策实践中的不到十分之一，而对那些未被刊用的有效信息或无效信息也没有进行很好地处理和再利用，站点报送的信息资源存在很大的浪费现象。基层站点上报信息主要是为了完成任务，而上级部门也主要是为了考核工作量完成情况，似乎都不太关注这些信息的利用与转化的问题，导致出现重形式而轻内容的现象。苏州科协调查站点也存在这样的问题。也就是说，苏州科协各市级调查站点每年报送给苏州科协的信息也没有得到充分地利用，信息资源浪费现象严重。

（四）经费支持不足与激励效果不明显

目前苏州市科协调查站点采用了物质激励的办法：有效信息稿、刊发信息、被各级领导批示的信息补贴逐级提高（以上补贴按高等级计算，不重复），年度考核时，对优秀调查站点负责站点工作的同志被评为优秀信息员则再补发一定补贴。但是总体而言，由于补贴的数额偏少，激励作用有限，一些调查站点负责人仅仅将其作为一份"外快"，从而在实际工作中，没有投入太多的精力。此外，苏州区域其他调查站点在经费使用方面也存在一定的问题，且设站单位的性质不同其问题表现也不同。例如，事业单位或者是国有企业，因为财务审计严格、报销手续繁杂，单位领导为避免因经费使用不当引起不必要的麻烦干脆"一刀切"，不用这笔经费，导致往年拨付的经费仍然挂在账上闲置，得不到使用。而私营企业由于其营利性质和减少成本的要求，经费进入企业账户后就被"冻结"了，经费也无法正常使用。

（五）专项调查数量偏少

苏州科协调查站点每年进行一次专项调查，使调查站点的作用得到充分发挥。但是，专项调查课题每年只设置一个，从数量上看明显偏少。事实上，每年从基层站点征集到的选题数量众多，也不乏一些好的、有价值的选题。但限于数量和经费无法纳入调查范围和组织实施，也使得相应选题所对应的问题得不到深入了解、回应和解决。

五、加强站点建设的建议

针对苏州市科协科技工作者调查站点建设中存在的一些问题，本文结合一些优秀调查站点的经验，从组织领导、信息、经费等层面提出一些针对性的发展战略。

（一）加强科协组织的领导

做好科技工作者状况调查站点的建设工作，组织领导是关键。首先，要加强科协组织，包括调查站点所属区域责任部门、企事业科协、高校科协等对基层调查站点工作的领导和支持。要制定和完善基层调查站点的管理制度，促进调查站点管理的规范化和制度化。其次，科技工作者状况调查站点应配备有魄力、有想法、有能力，并且有丰富的科技工作经验，具有较好的文字功底的人员来主抓中心工作，加大调查站点的科学化程度。再次，各个调查站点的负责人应该亲力亲为，在为站点工作提供思路和指导意见，推荐素材的同时，带头深入企事业单位和各个社团了解社情民意，带头撰写一些有思想、有温度和有品质的调研文章，从而有力地推动站点的工作开展。最后，要取得调查站点所在单位领导的重视和支持，将调查站点工作纳入本单位的日常工作与管理中，尽可能争取单位的经费配套支持。

（二）加强调查站点与科协组织有机融合

从苏州的案例来看，市级科技工作者调查站点就是苏州市科协的进一步延伸，这极大地提升了苏州市科协站点的信息资源储量和上报信息质量。这也是苏州科协一直处于国家级调查站点前列的成功秘诀。依托于这些下属的市级调查站点，苏州市科协的工作能力才能如虎添翼。因此，苏州市科协调查站点已经不是一个站点，而是一个由若干个市级站点构成的庞大的网络体系。这就好比一棵根系发达的大树，每个根系都为树干输送养分，使得大树根深叶茂。这表明，各级科协组织要借助于设立调查站点的契机有效拓展自身的工作能力，将调查站点建设与科协组织自身建设有机融合起来。通过站点向所联系的科技工作者及时宣传科技政策、人才政策，扩大科协组织的影响力和辐射力，不断增强科协组织对科技工作者的凝聚力和吸引力。

（三）建设信息共享与交流平台

信息的交流与共享是实现信息价值最大化的必要前提。信息的共享不仅不会降低信息的价值，在共享过程中的信息交流反而会增加信息量，衍生出更多的资源。因此，首先要加强基层调查站点之间的交流。从苏州市科协的做法来看，目前已建立了调查站点微信群、微信公众号、相关网站等多种平台，对于促进基层站点之间的交流起到了促进作用。其次，建立各调查站点和各级科协组织的双向沟通渠道。建立一个自上而下的信息反馈平台至关重要。其实中国科协和地方科协都有大量的成果，推动彼此之间的信息和数据共建共享意义重大。

（四）提高调查站点报送信息的质量

信息数据的质量是调查站点的生命线。为此，首先，要加强对信息员的培训工作。要建立信息员培训制度，定期对调查站点的信息人员进行集中培训，重点围绕调查方法、写作技巧、写作要领等展开培训，提升其信息撰写质量和信息报送水平。其次，强化基层调查站点负责人的把关作用。基层站点负责人作为上报信息的第一责任人，应树立精品意识、质量意识。要采用信息征集的办法，充分利用本单位科技人员的优势，积极发动科技人员撰写稿件，从中遴选优秀稿件，再进行加工修改，从而提高报送信息的质量。再次，建立特邀信息员制度，聘请一批在重要的学会社团、企事业科协、高校科协等领域工作的科技专家担任特约信息员，尤其是要特别关注特邀信息员从基层一线收集、报送的大量有价值的信息，扩大并稳定信息来源，提升报送信息质量。最后，建立独立信息员制度。建议推广苏州调查站点独立信息员的经验，在调整或撤销国家级调查站点的同时保留独立信息员，特别是保留那些工作热情、事业心强、文字功底好的信息员。将这些独立信息员纳入常规的调查站点管理范围，鼓励他们继续撰写信息，并根据上报信息的质量进行激励。或将他们与本地区新建立的调查站点进行对接，为新站点的工作开展提供必要的指导、辅导或咨询服务，从而继续发挥作用。

（五）提高上报信息的利用率

对于基层站点报送上来的一些重要选题或有价值的信息，中国科协或省市科协可以采用委托课题的方式，将重要的信息纳入课题资助范围，资助站点科技人员继续深入研究。这样做一方面可以将重要的信息资源充分利用或加以深度开发，提高信息的利用率；另一方面可以调查基层站点科技人员的积极性。

（六）提升调查站点经费使用效率

基层站点的经费使用应当基于站点工作人员的实际需求，不同类型工作人员在需求方面差异较大，一些科研人员希望有更好的科研条件和学术声誉，而一些基层调查人员可能更加注重奖金分配。因此，要引导各个基层站点因地制宜地用好经费，如可以将这笔经费用于购买科普图书资料，也可以用于科研人员的激励等。建议调整经费的用途结构比例，设置绩效经费，一方面能够大幅度调动信息人员和调查人员的积极性，提高收集到的信息的质量；另一方面也能够解决报销难的问题，能够使得有限的经费物尽其用。

（七）完善基层科协站点的专项调查功能

可通过增加专项调查经费投入、列入地方省市级软科学或社科研究计划等措施，重视和完善基层科协站点的专项调查功能，使其在承接中国科协调查任务的同时，也为地方政府更好地了解本地区科技工作者状况，出台有关的科技政策，提供一手调查数据和决策参考依据。

附　苏州市科协相关工作文件

苏州市科协科技工作者状况调查站点设立和管理办法
（试　　行）

第一章　总则

第一条　为加强中国科协、江苏省科协和苏州市科协科技工作者状况调查站点（以下简称"调查站点"）的管理工作，实现站点管理的规范化和制度化，依据《中国科协科技工作者状况调查站点设立和管理暂行办法》《江苏省科协科技工作者状况调查站点设立和管理暂行办法》制定本办法。

第二条　调查站点按照统一管理、分工负责的原则开展工作。

（一）苏州市科协是调查站点的管理单位，主要负责全市调查站点的总体规划、管理、协调和指导工作。

（二）苏州市辖市、区科协是调查站点的区域责任部门，主要负责域内调查站点的宣传发动、推荐、管理、协调和指导工作。

（三）调查站点所在单位是调查站点的建设主体，主要负责本站点建设和运行的支持和管理工作。

（四）调查站点直接履行调查任务，要根据调查要求，按计划进度和质量要求完成调查任务。

第三条　调查站点的相关管理工作由苏州市科协组宣部负责，委托苏州市科协国际科技交流和人才联络服务中心具体实施。

第二章　工作职责

第四条　苏州市科协的工作职责是：制定站点发展规划；确定调查站点的数量及分布；审核各市、区科协和市级学会（协会、研究会）、在苏高校等单位上报的站点设置方案；组织调查站点工作人员培训；发布站点年度任务；汇总和分析站点上报材料和数据，形成相应报告；考核评估站点工作；站点信息审核；不定期发布站点工作动态等。

第五条　区域责任部门的职责是：根据总体规划，认真筛选和推荐本区域内的调查站点；对所属站点进行工作指导、协调和监督；组织本区域内全部调查的实施；指导本区域的问卷调查及相关工作。区域责任部门须指定具体人员担任联系人，负责调查业务的日常联络工作。

第六条　调查站点的工作职责是：按照调查员的资格要求，指定专职人员担任调查员，并报所属区域责任部门备案；完成市科协布置的问卷调查，包括样本的抽取、问卷发放和回收、跟踪表的填写等；每季度上报一篇科技工作者动态信息，信息报送内容范围以反映各类突出问题为主，同时兼顾宣传优秀科技工作者和创新团队，宣传基层单位和科协基层组织的好做法、好经验等，为"苏州科普之窗"网站等提供素材；发现问题或有重要情况及时上报；完成临时交办的任务；报送年度工作总结等。

第三章　站点设立

第七条　通知。苏州市科协每年年初根据调查站点设立规划，下发设立调查站点的通知；如需调整或增设调查站点时，另行通知。

第八条　推荐。根据调查站点设立规划和原则，各区域责任部门对本区域内符合要求的单位进行广泛动员，结合本区域具体情况合理推荐。

第九条　申报。

（一）在苏高校、市级学会（协会、研究会）按要求填写《苏州市科协科技工作者状况调查站点申报表》，经单位签署审核意见、法定代表人签字、加盖单位公章后，将材料直接报送苏州市科协。

（二）其他申报单位按区域划分管理，按要求填写《苏州市科协科技工作者状况调查站点申报表》，经单位签署审核意见、法定代表人签字、加盖单位公章后，将材料报送至区域责任部门，由区域责任部门审核后加盖公章，再推荐至苏州市科协。

第十条 审核。苏州市科协根据各申报单位的申报材料进行审核，并根据区域、类型分布以及单位性质等综合考虑，择优确定调查站点。

第十一条 建站。苏州市科协对审核结果以文件形式予以公布。

第十二条 中国科协调查站点、中国科协和江苏省科协两级共建调查站点和江苏省科协调查站点直接列为苏州市科技工作者状况调查站点。

第四章 站点运行

第十三条 运行经费。苏州市科协给予调查站点基本运行经费，专款专用、单独核算。

第十四条 报送途径。开通苏州市科协科技工作者状况调查站点专用信箱（szkxdczd@163.com），调查站点通过本邮箱上报站点信息。

第十五条 任务布置。站点信息报送任务为常规任务，如遇站点信息关注内容有调整或增加时，第一时间以通知形式布置。苏州市科协每年确定问卷调查内容，并在每年年初举办调查站点工作会议上布置，如有突发情况需要开展专题问卷调查时，另行通知安排。

第十六条 工作培训。苏州市科协每年在调查站点工作会议上，对调查站点的工作人员进行专门培训，培训内容主要包括站点信息编撰和问卷调查实施的基础培训。如有临时专题调查任务，视情况需要另行开展相关专题培训。

第十七条 任务落实。调查站点指定专门的工作人员落实相关工作任务，如遇工作人员调整等因素对调查工作产生影响的情况，应及时上报，并采取措施保证调查工作的正常开展。

第十八条 考核管理。苏州市科协每年年底对所有调查站点进行考核评估（具体考评办法另行制定），考核评估结果在苏州市科协网站上公示，公示后以文件形式通报各站点和各区域责任部门。调查站点的考核结果将作为该单位参评苏州市科协其他项目的重要参考依据；区域责任部门的考核结果将纳入科协系统年度考核体系。

（一）苏州市科协设立专项资金，对调查站点和区域责任部门设置日常绩效激励和年终考核激励。

（二）根据考核结果，连续两年被评为优秀的站点，将优先推荐为江苏省科协和中国科协调查站点。

（三）对不合格调查站点提出通报批评，保留调查站点资格一年，不合格站点要针对存在的问题提出书面整改措施；对连续两年考核评估不合格的，予以取消。

第五章　附则

第十九条　本办法由苏州市科协负责解释。

第二十条　本办法自发布之日起实施。

苏州市科协科技工作者状况调查站点考核评估办法
（试　　行）

第一章　总则

第一条　为加强中国科协、江苏省科协和苏州市科协科技工作者状况调查站点（以下简称"站点"）的管理工作，实现站点管理的规范化和制度化，依据《中国科协科技工作者状况调查站点设立和管理暂行办法》《江苏省科协科技工作者状况调查站点设立和管理暂行办法》《苏州市科协科技工作者状况调查站点设立和管理暂行办法》制定本办法。

第二条　苏州市科协每年对所有调查站点进行考核评估。

第二章　调查站点的考核评估

第三条　根据问卷调查任务、信息报送任务的完成情况，以及是否准时参加中国科协、江苏省科协和苏州市科协组织的培训、座谈、工作会议情况三个方面，对调查站点进行考核评估，评估等级分为优秀、合格和不合格。考核评估的数据依据以中国科协调研宣传部、江苏省科协组宣部和苏州市科协国际科技交流和人才联络服务中心的统计数据为准。

第四条　调查站点考核计分标准。

（一）问卷调查任务的基准为100%完成年度调查任务，计100分；具体分值根据当年布置的调查任务数量和规模进行分配；未完成定额时，以实际完成任务的比例为权重来计分。

（二）信息报送任务的基准为完成四篇有效信息，计100分。报送一篇信息审核有效，计25分；审核无效，计5分。被中国科协刊发或者作为科技工作者建议上报市委、市政府、省科协的信息，加50分；被市委市政府或省科协领导批示的信息，再加50分；被中国科协领导批示的信息，再加50分；被国家领导人批示的信息，再加50分。

（三）参加中国科协、江苏省科协和苏州市科协组织的培训、座谈、工作会议情况，计50分；有缺席情况的，根据实际参加次数比例为权重来计分。

（四）以上三项得分加总，记为总分。

第五条　调查站点考核分级标准。

（一）优秀调查站点：问卷调查任务得分95分以上；报送信息不少于5篇，报送有效信息不少于4篇，其中被中国科协刊发或者作为科技工作者建议上报市委、市政府、省科协不少于1篇；总得分等级标准根据当年考核结果划定。

（二）合格调查站点：问卷调查任务得分80分以上；报送信息不少于4篇，其中有效信息不少于2篇；总得分等级标准根据当年考核结果划定。

（三）不合格调查站点：低于合格调查站点标准的即为不合格调查站点。

第六条　对于国家级、国家和省两级共建、江苏省级调查站点，考核结果参考中国科协和江苏省科协考核结果。

第三章　区域责任部门考核评估

第七条　根据区域内调查站点的考核结果，对区域责任部门进行考核，考核结果分优秀、合格、不合格三个等级。

第八条　区域内调查站点考核得分的平均值，为区域责任部门的考核得分。

第九条　区域责任部门考核分级标准。

（一）优秀区域责任部门：区域内调查站点全部合格，且至少有一家为优秀调查站点；总得分等级标准根据当年考核结果划定。

（二）合格区域责任部门：区域内调查站点全部合格；总得分等级标准根据当年考核结果划定。

（三）不合格区域责任部门：低于合格区域责任部门的即为不合格区域责任部门。

第四章　考核评估结果的运用

第十条　每年对站点的考核评估结果，由苏州市科协在苏州市科协网站上公示，公示后以文件形式通报各站点和各区域责任部门。

第十一条　对于苏州市级调查站点，考核结果将作为该单位参评苏州市科协其他项目的重要参考依据；连续两年被评为优秀的站点，将优先推荐为江苏省科协和中国科协调查站点；对不合格调查站点提出通报批评，保留调查站点资格一年，不合格站点要针对存在的问题提出书面整改措施；对连续两年考核评估不合格的，将予以取消。

第十二条　对于区域责任部门的考核结果纳入对市、区科协的年度考核。

第十三条　绩效考核激励。

对调查站点和区域责任部门实施绩效考核激励制度。

（一）日常绩效激励：对于调查站点，根据报送信息的质量和采用结果给予相应绩效激励；对于区域责任部门，根据所属调查站点的日常绩效激励给予相应激励。

（二）年度考核激励：调查站点和区域责任部门在年度考核中获得优秀的，将给予年度考核激励。

（三）激励标准另行制定。

第五章　附则

第十四条　本办法由苏州市科协负责解释。

第十五条　本办法自发布之日起实施。

苏州市科协科技工作者状况调查独立信息员管理制度
（试　　行）

为进一步充实和完善中国科协、江苏省科协和苏州市科协科技工作者状况调查站点（以下简称"调查站点"）体系，切实加强与基层科技工作者的联系、畅通基层科技工作者反映诉求的通道、更好地服务好基层科技工作者，特制定本制度。

一、苏州市科协科技工作者状况调查独立信息员（以下简称"独立信息员"）是各区域调查站点之外登记注册的、从事调查站点信息采编报送工作的信息人员，是调查站点队伍的补充。

二、独立信息员的基本条件

1. 具有较高的政治素质，拥护党的路线、方针、政策，了解党和政府的科技政策和知识分子政策，熟悉国家和地区重大科技经济社会发展战略；

2. 具备及时了解掌握一定范围（如某一行业、某一区域）科技工作者最新动态的工作基础；

3. 具有一定的分析能力和文字能力，具有发现普遍性、倾向性问题的敏锐性，坚持求真务实、敢于反映真实情况；

4. 熟练应用计算机、互联网等现代办公工具。

三、独立信息员的职责任务

独立信息员主要负责调查站点信息采编报送工作：

1. 善于与科技工作者建立密切联系，积极深入科技工作者之中，主动与科技工作者交朋友，了解他们的思想、工作、学习、生活状况和现实需求，及时反映他们的意见和呼声；

2. 站点信息主要是围绕科技工作者，反映各类具有一定普遍性、倾向性的问题；

3. 发现重大问题或有重要情况及时上报；

4. 每季度至少上报 1 篇站点信息，全年至少报送 4 篇站点信息；

5.独立信息员不得利用独立信息员身份从事各类违规、违法活动。

四、独立信息员的登记管理

1.产生。各市、区科协作为调查站点区域责任部门，负责本区域独立信息员的筛选、推荐和管理职责。

2.注册。申请人按要求填写《苏州市科协科技工作者状况调查站点独立信息员申报表》，由各区域责任部门审核后加盖公章，再推荐至苏州市科协登记注册。

3.注销。

（1）各区域责任部门根据工作实际，提出注销申请，经苏州市科协审核后予以注销；

（2）在册独立信息员未经允许，擅自以独立信息员身份开展与职责无关活动的，苏州市科协有权直接予以注销。

4.每个市、区每年有不少于2名独立信息员在册。

五、独立信息员的培训考核

1.苏州市科协将每年组织一次独立信息员业务培训活动。

2.独立信息员考核标准：报送4篇以上有效信息且有被刊发信息的为优秀；完成4篇有效信息报送但无被刊发信息的为合格；有有效信息报送但未完成4篇有效信息的为基本合格；未报送信息的为不合格。

3.独立信息员激励：年度考核时按报送信息的质量、采用结果及被有关领导批示的级别确定相应的激励标准，每篇信息最高标准发放，不重复发放。

六、本制度由苏州市科协负责解释，自印发之日起实施。